BEI GRIN MACHT SICH IHR WISSEN BEZAHLT

- Wir veröffentlichen Ihre Hausarbeit,
  Bachelor- und Masterarbeit

- Ihr eigenes eBook und Buch -
  weltweit in allen wichtigen Shops

- Verdienen Sie an jedem Verkauf

Jetzt bei www.GRIN.com hochladen und kostenlos publizieren

Bibliografische Information der Deutschen Nationalbibliothek:

Die Deutsche Bibliothek verzeichnet diese Publikation in der Deutschen National-bibliografie; detaillierte bibliografische Daten sind im Internet über http://dnb.d-nb.de/ abrufbar.

Impressum:

Copyright © 2012 GRIN Verlag
Druck und Bindung: Books on Demand GmbH, Norderstedt Germany
ISBN: 9783668754010

Dieses Buch bei GRIN:

https://www.grin.com/document/433455

Rainer Stickdorn

Schriftlich/graphische Beweise des Euler Satzes

Beweise zum Euler-Satz in der Geometrie der Ebene

GRIN Verlag

GRIN - Your knowledge has value

Der GRIN Verlag publiziert seit 1998 wissenschaftliche Arbeiten von Studenten, Hochschullehrern und anderen Akademikern als eBook und gedrucktes Buch. Die Verlagswebsite www.grin.com ist die ideale Plattform zur Veröffentlichung von Hausarbeiten, Abschlussarbeiten, wissenschaftlichen Aufsätzen, Dissertationen und Fachbüchern.

Besuchen Sie uns im Internet:

http://www.grin.com/

http://www.facebook.com/grincom

http://www.twitter.com/grin_com

FernUniversität in Hagen

Fakultät für Mathematik und Informatik

Zusatzstudiengang Master im Fach Mathematik
Methoden und Modelle

Thema: Zwei Beweise des Satzes von Euler in der Geometrie
(Abstand von In- und Umkreis-Mittelpunkt von Dreiecken)

Verfasser: Rainer Stickdorn

Inhaltsverzeichnis

1 Einleitung...2
2 Vorbereitung..3
   2.1 Peripheriewinkelsatz..3
   2.2 Umkreis eines Dreiecks...5
   2.3 Inkreis eines Dreiecks...6
   2.4 Sehnen/Sekanten-Satz und Potenz eines Punktes...7
   2.5 Inversion am Kreis...8
   2.6 Sinussatz..10
3 Beweise der Euler-Formel..12
   3.1 Klassischer Beweis..12
   3.2 Inversionsbeweis..12
4 Quellen...16
5 Anhänge..17
   5.1 Anhang A-Übersetzung wichtiger Begriffe...17
   5.2 Anhang B: Programmlistings...17

1 Einleitung

Mit der Euler-Formel wird der Abstand der Mittelpunkte von Umkreis und Inkreis eines Dreiecks berechnet. Das Besondere an dieser Formel ist, dass sie nicht etwa die Koordinaten der Eckpunkte oder die Seitenlängen des Dreiecks verwendet, sondern Größen, mit denen Dreiecke normalerweise nicht beschrieben werden: die Radien von Umkreis und Inkreis.

Die Euler-Formel wird in gängigen Geometriebüchern, von denen einige im Quellennachweis angegeben sind und im Vorbereitungskapitel referenziert werden, nicht bewiesen. Nathan Bowler's Artikel [1], skizziert dagegen gleich vier verschiedene Beweise. Die Euler-Formel sei zunächst in (1) nur kurz gezeigt. Bild 1 zeigt das Dreieck mit den Eckpunkten A, B und C, durch die der Umkreis geht, sowie seinen Inkreis, der die Dreiecksseiten tangiert. Die Punkte M, L und N sind Mittelpunkte der Umkreissegmente, auf die später zurückgekommen wird.

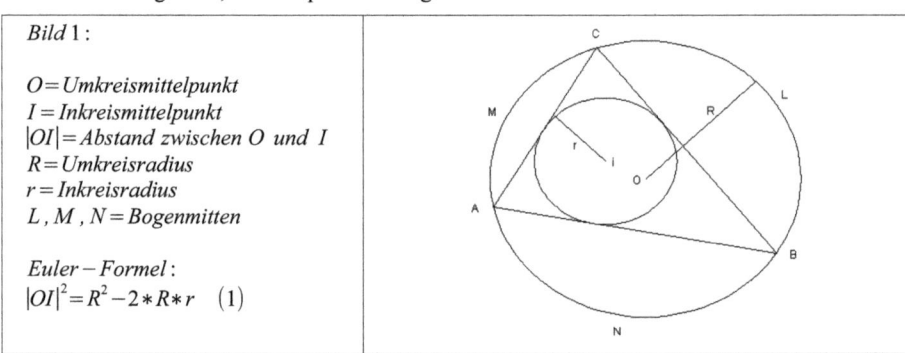

Bild 1 :

$O = Umkreismittelpunkt$
$I = Inkreismittelpunkt$
$|OI| = Abstand\ zwischen\ O\ und\ I$
$R = Umkreisradius$
$r = Inkreisradius$
$L, M, N = Bogenmitten$

$Euler - Formel:$
$$|OI|^2 = R^2 - 2*R*r \quad (1)$$

Gegenstand dieser Arbeit sind die beiden ersten Beweise in [1]: Klassischer und Inversions-Beweis der Euler-Formel. Bowler setzt nicht nur Vieles voraus, sondern verwendet auch eine sehr kondensierte Darstellung. Daher werden hier in der folgenden Vorbereitung die nötigen Sätze hergeleitet bzw. bewiesen, bevor die eigentlichen Beweise der Euler-Formel entwickelt werden. Beweise werden mit „q.e.d." für „quod erat demonstrandum" (= was zu zeigen war) abgeschlossen.

Die Bilder wurden teils mit GeoGebra [12] getestet, schließlich aber alle in R [10] programmiert.

Zur Berechnung von Punkten, Winkeln, Linien,... an Dreiecken wurden die im Anhang abgedruckten Funktionen in R programmiert. R wurde MatLab bzw. dessen Open Source-Variante GNU-Octave vorgezogen, da R die bessere Unterprogrammtechnik besitzt.

2 Vorbereitung

2.1 Peripheriewinkelsatz

Wir betrachten in Bild 2 ein Dreieck mit den Ecken A, B, C mit seinem Umkreis um O. Bei den Sehnen konzentrieren wir uns auf AB. Bei A tragen wir eine Tangente an den Kreis an, die wir mit t(A) bezeichnen. Um die Verhältnisse auch unter der Sehne AB untersuchen zu können, ergänzen wir das Dreieck ABC mit dem Punkt D auf dem unteren Kreisbogen zum Viereck und verbinden den Umkreismittelpunkt O mit den Punkten A, B, C und D.

Bild 2:	
Es gibt gleichschenklige Dreiecke AOC, COB, BOD, DOA, AOB, ..., deren gleichlange Schenkel OA, OB, OC und OD den Umkreisradius als Länge haben. In diesen Dreiecken sind also jeweils 2 Winkel gleich, die wir auch mit dem gleichen Namen versehen. Wir tragen die in Bild 2 benannten Winkel ein, um sie in der folgenden Definition, darauf aufbauenden Sätzen und Beweisen referenzieren zu können. Die Namen sind willkürlich gewählt. Gleichgroße Winkel haben aber gleiche Namen.	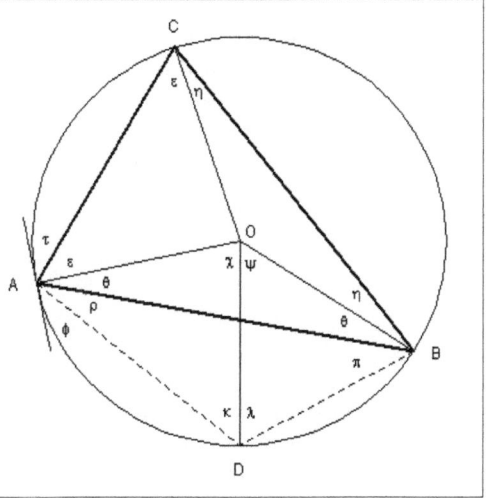

Wir definieren Peripherie-, Tangenten- und Mittelpunktswinkel unter Bezugnahme auf Bild 2:

Definition 1:

a) Der Winkel bei C $= \gamma = \epsilon + \eta = \sphericalangle ACB$ heißt oberer Peripheriewinkel zur Sehne AB
'oberer' *meint hier auf der gleichen Seite von Sehne AB wie Mittelpunkt O*

b) Der Winkel bei D $= \delta = \kappa + \lambda = \sphericalangle ADB$ heißt unterer Peripheriewinkel zur Sehne AB
'unterer' *meint hier auf der dem Mittelpunkt O gegenüberliegenden Seite der Sehne AB*

c) Der Winkel zwischen Sehne AB und der Tangente in A ($\rho + \phi$) heißt Tangentenwinkel

d) Der Winkel bei O $= \sphericalangle(AOB) = \chi + \psi = \mu$ heißt Mittelpunktswinkel bezüglich Sehne AB

e) Der Winkel bei A $= \alpha = \epsilon + \theta = \sphericalangle CAB$ heißt oberer Peripheriewinkel zur Sehne BC

f) Der Winkel bei B $= \beta = \eta + \theta = \sphericalangle CBA$ heißt oberer Peripheriewinkel zur Sehne AC

Mit dieser Definition wurden weitere in Bild 2 nicht dargestellte Winkel eingeführt, die jeweils zwei direkt benachbarte Winkel zusammenfassen und häufig so in Dreiecksdiagrammen verwendet

3

werden: $\gamma=\eta+\epsilon$, $\delta=\kappa+\lambda$, $\mu=\chi+\psi$, $\alpha=\epsilon+\theta$, $\beta=\eta+\theta$

Zwischen den in Definition 1 genannten Winkeln bestehen feste Beziehungen. Egal wo C auf dem oberen bzw. D auf dem unteren Kreisbogen liegt, die zugehörigen Peripheriewinkel bleiben bei konstanter Sehne AB ebenfalls konstant. Ihre Werte sowie die Tangentenwinkel ergeben sich aus dem Mittelpunktswinkel, wie dies der Satz 1 beschreibt:

Satz 1: *Bezüglich der Sehne AB gilt:*
a) Der obere Peripheriewinkel ist halb so groß wie der Mittelpunktswinkel

$$\gamma = \epsilon+\eta = \sphericalangle ACB = \frac{\sphericalangle AOB}{2} = \frac{\chi+\psi}{2} = \frac{\mu}{2} \quad (2)$$

b) Der untere Peripheriewinkel ergänzt den oberen zu 180°

$$\delta = \kappa+\lambda = \sphericalangle ADB = 180°-\gamma = 180°-\frac{\mu}{2} \quad (3)$$

c) Der Tangentenwinkel ist gleich dem oberen Peripheriewinkel

$$\sphericalangle(Sehne\ AB, Tangente\ in\ A) = \sphericalangle(AB, t(A)) = \rho+\phi = \gamma = \frac{\mu}{2} \quad (4)$$

Ein Spezialfall dieses Satzes ist der Satz von Thales, nach dem der Peripheriewinkel über dem Durchmesser eines Kreises ein rechter Winkel ist. In diesem Fall liegt der Umkreismittelpunkt in der Mitte der Sehne AB. Der Mittelpunktswinkel ist also ein zu 180° gestreckter Winkel und der obere Peripheriewinkel ist mit 90° halb so groß.

Wir haben in Bild 2 nur die Tangente an A eingezeichnet – natürlich gilt Satz 1c) aus Gründen der Symmetrie auch für die Tangente im Punkt B. Die Tangentenwinkel sind also gleich den oberen Peripheriewinkeln. Die Behauptungen in Satz 1 sind noch zu beweisen.

Beweis von (2):
Das $\Delta\ ABC$ *besitzt eine Innenwinkelsumme von 180°:* $(\epsilon+\theta)+(\eta+\theta)+(\epsilon+\eta)=180°$
$\Rightarrow 2*(\epsilon+\eta+\theta)=180°$ (2a)
Das $\Delta\ ABO$ *besitzt eine Innenwinkelsumme von 180°:* $\sphericalangle AOB+2\theta = \mu+2\theta=180°$ (2b)

$(2a)=(2b)$ *ergibt:* $2*(\eta+\epsilon)+2\theta=\mu+2\theta \Rightarrow 2*(\eta+\epsilon)=\mu \Rightarrow (\eta+\epsilon)=\frac{\mu}{2}=\gamma$ (2c) *q.e.d.*

Beweis von (3):
$\Delta\ DOA$ *ist gleichschenklig* $(DO=OA=R) \Rightarrow$ *es besitzt 2 gleiche Winkel*
$\sphericalangle OAD=\sphericalangle ADO \Rightarrow \theta+\rho=\kappa$ (3a)

$\Delta\ DOB$ *ist gleichschenklig* $(DO=OB=R) \Rightarrow$ *es besitzt 2 gleiche Winkel*
$\sphericalangle OBD=\sphericalangle BDO \Rightarrow \theta+\pi=\lambda$ (3b)

unterer Peripheriewinkel $\delta= \kappa+\lambda$; *mit* $(3a)$ *und* $(3b) \Rightarrow \delta=(\theta+\rho)+(\theta+\pi)=2\theta+\pi+\rho$ (3c)

$\Delta\ ABD$ *besitzt Innenwinkelsumme 180°:* $\rho+(\kappa+\lambda)+\pi=180° \Rightarrow \pi+\rho=180°-(\kappa+\lambda)$ (3d)

$(3d)$ *in* $(3c)$ *eingesetzt ergibt:* $\delta= 2\theta+180°-(\kappa+\lambda) = 2\theta+180°-\delta \Rightarrow \delta = \theta+90°$ (3e)

$(2b): \mu+2\theta=180°$ *in* $(3e)$ *eingesetzt:* $\delta=(90°-\frac{\mu}{2})+90°=180-\frac{\mu}{2}=180°-\gamma$ (3f) *q.e.d*

Der Beweis von (4) zu den Tangentenwinkeln nutzt den Umstand, dass Tangente an den Kreis und und der „Radius" einen rechten Winkel bilden:

In ähnlicher Weise wird dieser Satz in II.5 Satz 13 in [3], in 2.3 Satz 35 in [4], in 6.3 Satz 14 in [5], in 1.4 Satz 1.12 in [6], in 7.9 in [7], in 1.1 in [8], in 3.1.6.1 in [9] usw. vorgestellt.

2.2 Umkreis eines Dreiecks

Wir zeichnen in Bild 3 zusätzlich zum Dreieck ABC, seinem Umkreis (ohne seinen Mittelpunkt) und den Bogenmittelpunkten L, M und N, noch die Tangenten an alle Punkte auf dem Kreis und die Verbindungslinien zwischen allen Punkten ein.

Bild 3:

Mit Hilfe von Satz 1 können wir alle Winkel in Form der halben Winkel in den Dreiecksecken ($\alpha/2$, $\beta/2$, $\gamma/2$) angeben.

Alle Winkel über der gleichen Sehne und die Winkel, die die Sehne mit den Tangenten (t(A), t(B), t(C), …) in ihren Endpunkten (A,B,C,...) bildet, sind gleich

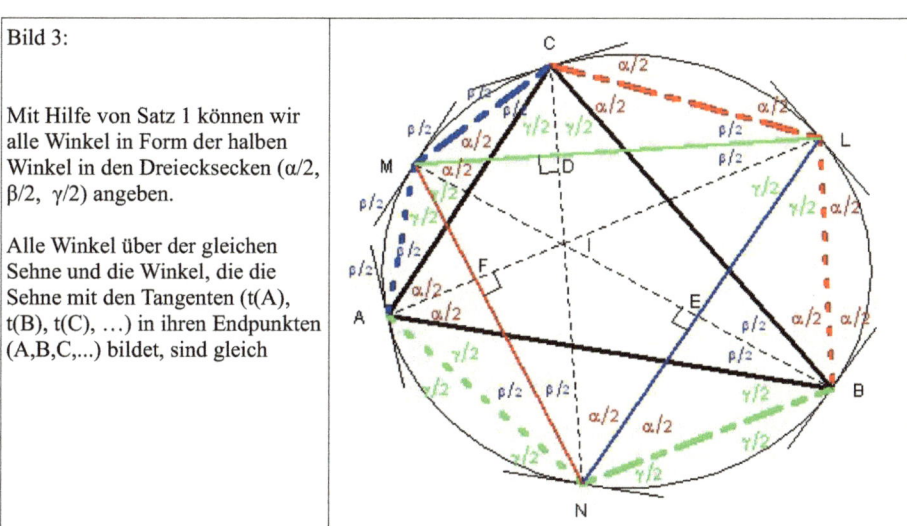

Jede Zeile der folgenden Tabelle 1 enthält eine äußere, kreisbogennahe farbig codierte Sehne (gleiche Farbe = gleiche Länge). Da L, N und M Bogenmittelpunkte sind, sind aufgrund der Symmetrie ihre Abstände von den benachbarten Dreiecks-Eckpunkten gleich (LC=LB, NA=NB, MA=MC):

Ecke	Peripheriewinkel in der Ecke	Sehne	Gleiche Periphere- und	-Sehnen-Tangenten-Winkel
A	$\sphericalangle CAL = \alpha/2$	CL	$\sphericalangle CNL, \sphericalangle CBL, \sphericalangle CML$	$\sphericalangle(t(C),CL), \sphericalangle(t(L),CL)$
A	$\sphericalangle LAB = \alpha/2$	LB=CL	$\sphericalangle LNB, \sphericalangle LCB, \sphericalangle LMB$	$\sphericalangle(t(L),LB), \sphericalangle(t(B),BL)$
B	$\sphericalangle MBC = \beta/2$	MC	$\sphericalangle MAC, \sphericalangle MNC, \sphericalangle MLC$	$\sphericalangle(t(M),MC), \sphericalangle(t(C),MC)$
B	$\sphericalangle MBA = \beta/2$	MA=MC	$\sphericalangle MCA, \sphericalangle MLA, \sphericalangle MNA$	$\sphericalangle(t(M),MA), \sphericalangle(t(A),MA)$
C	$\sphericalangle NCB = \gamma/2$	NB	$\sphericalangle NLB, \sphericalangle NAB, \sphericalangle NMB$	$\sphericalangle(t(N),NB), \sphericalangle(t(B),NB)$
C	$\sphericalangle ACN = \gamma/2$	NA=NB	$\sphericalangle NLA, \sphericalangle NBA, \sphericalangle NMA$	$\sphericalangle(t(N),NA), \sphericalangle(t(A),NA)$

Tabelle 1

Bild 3 zeigt mit den Symbolen für rechte Winkel an den Punkten D, E und F Fakten, die noch bewiesen werden müssen: Jeweils eine Winkelhalbierende (CN, AL, BM) des Dreiecks ABC und eine Verbindungslinie von Bogenmittelpunkten (ML, MN, NL) stehen senkrecht aufeinander, wie der folgende Satz 2 beschreibt:

> *Satz 2 :*
> in *dem Umkreisdiagramm* im *Bild* 3 *stehen folgende Strecken senkrecht aufeinander :*
> $ML \perp CN$, $MN \perp AL$, $NL \perp BM$ (5)

Beim folgenden Beweis ist mit dem Winkelsymbol $\sphericalangle$ jeweils der Winkel gemeint, für den nach-zuweisen ist, dass er ein rechter Winkel ist:

> *Beweis von* (4):
>
> *Winkelsumme* im $\triangle MDC$ *(von M entgegen Uhrzeigersinn)* : $\dfrac{\alpha}{2} + \sphericalangle + (\dfrac{\gamma}{2} + \dfrac{\beta}{2}) = 180°$ (5a)
>
> $\Rightarrow \sphericalangle = 180° - (\alpha + \beta + \gamma)/2 = 180° - 180°/2 = 90° \Rightarrow ML \perp CN$
>
> *Winkelsumme* im $\triangle NFA$ *(von N entgegen Uhrzeigersinn)* : $\dfrac{\beta}{2} + \sphericalangle + (\dfrac{\gamma}{2} + \dfrac{\alpha}{2}) = 180°$ (5b)
>
> $\Rightarrow \sphericalangle = 180° - (\alpha + \beta + \gamma)/2 = 180° - 180°/2 = 90° \Rightarrow MN \perp AL$
>
> *Winkelsumme* im $\triangle NEB$ *(von N* im *Uhrzeigersinn)* : $\dfrac{\alpha}{2} + \sphericalangle + (\dfrac{\gamma}{2} + \dfrac{\beta}{2}) = 180°$ (5c)
>
> $\Rightarrow \sphericalangle = 180° - (\alpha + \beta + \gamma)/2 = 180° - 180°/2 = 90° \Rightarrow NL \perp BM$ q.e.d.

Satz 2 bedeutet auch, dass I der Schnittpunkt der Höhen im Dreieck LMN ist:
$h_L = FL \subset AL$; $h_N = DN \subset CN$; $h_M = EM \subset BM$;   (6)

Dreiecke können z.B. durch eine Seite und die beiden Winkel in den Endpunkten dieser Seite ein-deutig bestimmt sein. Zwei Dreiecke sind daher u.a. dann zueinander kongruent, wenn sie in diesen Merkmalen übereinstimmen. Die Verbindungen der Bogenmittelpunkte untereinander, MN, NL und ML sowie zugehörige Winkel, sind jeweils zwei kongruenten Dreiecken gemeinsam. Tabelle 2 be-schreibt diese Dreiecke:

($\gamma/2$, MN, $\beta/2$)	definiert die kongruenten $\triangle$ MNA und MNI mit:	MA=MI, AN=IN
($\gamma/2$, LN, $\alpha/2$)	definiert die kongruenten $\triangle$ LNB und LNI mit:	LB=LI, NB=NI
($\alpha/2$, ML, $\beta/2$)	definiert die kongruenten $\triangle$ MLC und MLI mit:	MC=MI, CL=IL

Tabelle 2

Damit gilt für die Länge von Sehnen(abschnitten) der für den ersten (klassischen) Beweis der Euler-Formel wichtige Satz 3:

> Satz 3:
> In Bild 3 sind aufgrund der vorausgegangenen Erklärungen folgende Strecken gleich lang:
> MA = MC = MI;   NA = NB = NI;   LB = LC = LI   (7)

2.3 Inkreis eines Dreiecks

> Definition 2:
> Der Inkreis ist ein Kreis maximaler Größe, der gerade noch komplett in das Dreieck hineinpaßt.
> Die Dreiecksseiten tangieren ihn. Den Inkreisradius nennen wir 'r', seinen Mittelpunkt I (Bild4).

> Satz 4:
>   a) Die Innen-Winkel-Halbierenden des Dreiecks schneiden sich in einem Punkt
>   b) dieser Punkt ist der Mittelpunkt (I) des Inkreises.
>   c) und hat von den Seiten AB, BC und CA den jeweils gleichen Abstand r

Für den Beweis fällen wir die Lote von I auf die Dreiecksseiten und nennen deren Fußpunkte P, Q und T. Dann betrachten wir die kleinen Dreiecke mit den Eckpunkten I, Lotfußpunkt und einer Original-Dreiecksecke. Die beiden an A „hängenden" Dreiecke AIT und AIQ sind kongruent, da sie in 1 Seite (AI) und 2 Winkeln (rechter Winkel und α/2) übereinstimmen. Damit sind in den Dreiecken AIT und AIQ alle korrespondierenden Seiten gleich lang: AT = AQ, TI = QI = r. Analog sind die Ecken B und C zu behandeln. Die beiden an C „hängenden" Dreiecke CIT und CIP sind kongruent womit CT = CP und TI = PI = r gilt.

Dadurch, dass die beiden kongruenten Dreiecke, die an A „hängen" mit den beiden, die an C „hängen" eine Seite mit der Länge r teilen, ergibt sich aus der Tatsache, dass I auf der Winkelhalbierenden durch A liegt, dass I auch noch auf der Winkelhalbierenden durch C liegt. Entsprechendes gilt für die Winkelhalbierende durch B, denn die an B „hängenden" kongruenten Dreiecke BQI und BPI teilen sich ebenfalls mit den an A „hängenden" eine Seite der Länge r. Es gilt also: PI = QI = TI = r mit I als Inkreis-Mittelpunkt und r als sein Radius.   q.e.d.

Bild 4:

$$TI \; = \; QI \; = \; PI \; = \; r \qquad (8)$$

$$\left. \begin{array}{l} AQ = AT = r / \tan(\alpha/2) \\ BQ = BP = r / \tan(\beta/2) \\ CT = CP = r / \tan(\gamma/2) \end{array} \right\} \quad (8a,b,c)$$

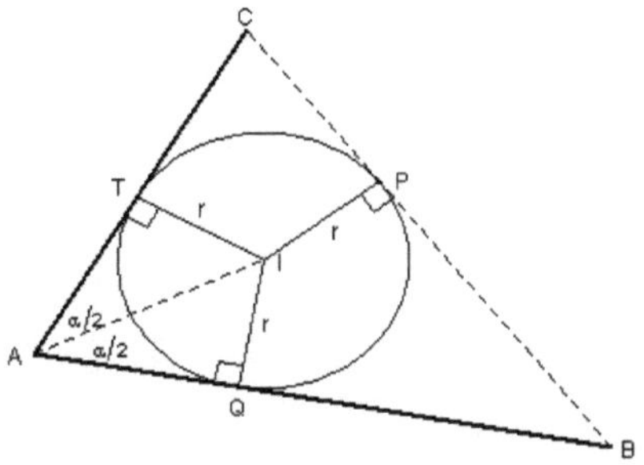

2.4 Sehnen/Sekanten-Satz und Potenz eines Punktes

Definition 3:
Eine Sekante ist eine Gerade, die einen Kreis K in 2 Punkten A und B schneidet. Das Geradenstück zwischen A und B ist eine Sehne. Die Sekante wird zur Tangente, wenn sie den Kreis nur noch in 1 Punkt berührt, die 2 Schnittpunkte sich also gewissermaßen am gleichen Ort befinden.

Die Sehne gehe durch einen Punkt P, der nicht auf dem Kreis K liege, so, dass seine Abstände von den Schnittpunkten der Sehne mit dem Kreis beide ungleich Null sind (Bild 5).

Definition 4:
Das Produkt der durch einen Punkt P auf einer beliebigen Sehne AB eines Kreises K gebildeten Abschnitte PA und PB nennt man die Potenz des Punktes P bezüglich des Kreises und schreibt p(P, Kreis) = PA*PB.

Satz 5:
Das Produkt der durch einen Punkt P auf einer Sehne AB gebildeten gerichteten Abschnitte PA und PB ist für einen gegebenen Kreis K und einen festen Punkt P konstant. D.h. das Produkt der Abschnitte ist unabhängig von der Richtung der Sehne/Sekante: PA * PB = konstant.
Wenn eine andere Sehne CD durch Punkt P geht, gilt: PC * PD = PA * PB = konstant   (9)

Bild 5:

$$p(P, Kreis) = PA * PB = PC * PD = konstant \tag{9}$$

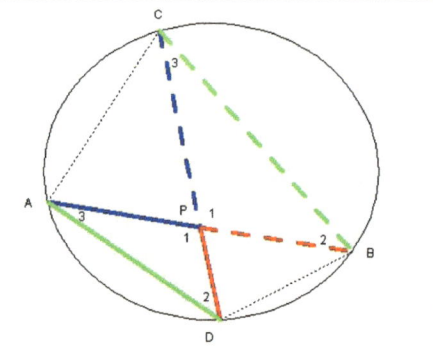

Für den Beweis wird ausgenutzt, dass die am Punkt P gegenüberliegende Zentri-Winkel 1 gleich sind. Mit dem Peripheriewinkelsatz ergeben sich zusätzlich gleiche Winkel 2 bzw. 3 über den Sehnen AC bzw. BD, so dass die beiden Dreiecke APD und CPB drei gleiche Winkel besitzen, damit ähnlich sind und Quotienten der Längen korrespondierender Seiten gleich sind:

Beweis von (9):
$P: \sphericalangle APD = \sphericalangle CPB = \sphericalangle 1; \quad AC: \sphericalangle ADC = \sphericalangle ABC = \sphericalangle 2; \quad BD: \sphericalangle BCD = \sphericalangle BAD = \sphericalangle 3; \quad$ (9a)
$3 \ gleiche \ \sphericalangle \ bedeutet \ Ähnlichkeit: \quad \Delta \ APD \ \sim \ \Delta \ CPB \quad$ (9b)
$AD \ korrespondiert \ mit \ BC, \quad PA \ mit \ PC \quad und \quad PD \ mit \ PB$

$\Rightarrow \ PA \ / \ PD \ = \ PC \ / \ PB \quad$ (9c)
(9c) $mit \ allen \ Nennern \ multiplizieren \ \Rightarrow \ PA * PB \ = \ PC * PD \quad$ (9d) $\quad q.e.d.$

Die Abstände vom Punkt P zu den Schnittpunkten A, B mit dem Kreis K sind gerichtet (mit Vorzeichen zu versehen), so dass das Produkt negativ wird, wenn der Punkt P im Kreis K liegt. In diesem Fall heißt Satz 5 Formel (9) auch Sehnensatz. Wenn P außerhalb des Kreises liegt, befinden sich beide Kreisschnittpunkte in der gleichen Richtung (gleiches Vorzeichen), so dass das Produkt positiv ist. Dann wird Satz 5 Formel (9) Sekantensatz genannt (oder Tangentensatz, wenn die Gerade den Kreis nur in 1 Punkt berührt).

In ähnlicher Weise wird dieser Satz in II.5 Satz 14 in [3], in 2.3 Satz 32 und Satz 33 in [4], in 7.9 in [7], in 3.1.6.1 in [9] usw. vorgestellt.

2.5 Inversion am Kreis

Spiegelung am Kreis oder Inversion am Kreis wendet den vorangegangenen Sekantensatz an, indem die Potenz mit dem Wert r^2 fest vorgegeben wird. "r" ist dabei der Radius des Kreises, an dem gespiegelt wird. Für die Distanzen vom Kreismittelpunkt P zum Original A und zum Bild A' (PA und PA') gilt also (9) und wir definieren eine Abbildung (die Inversion oder Spiegelung), die A auf A' (A' ist der Spiegel oder das Inverse von A) abbildet und die sich aus der Umstellung von (9) ergibt.

Definition 5:
Die Abbildung $f_{P,r}(A)$ „Inversion am Kreis" mit einem Inversionskreis um Punkt P mit Radius r bildet den Punkt A auf Punkt A' ab, der auf der Geraden durch A und P liegt und für den die Abstandsbedingung PA * PA' = r^2 gilt. A' wird auch mit inv(A) bezeichnet: $A' = inv(A) = f_{P,r}(A)$

Die Definition 5 nennt nur Bedingungen bezüglich der Punkte A, P und A', gibt aber keine explizite Formel zur Bestimmung von A' an. Das holt der folgende Satz nach.

Satz 6:
Spiegel/Inverses (bezüglich eines Kreises um P mit Radius r) von Punkt A berechnet sich mit:
$$A' = inv(A) = P + (A - P) * r^2 / AP^2 \tag{10}$$

Der Beweis von (10) nutzt die Angaben aus Definition 5: A' liegt auf der Geraden durch A und P.

Diese Gerade kann als P + (A-P)* k mit reellem k beschrieben werden. A' muss außer dieser Geradengleichung auch noch die Abstandsformel PA*PA' = r² erfüllen:

$Beweis\ von\ (10):$

$PA*PA'=r^2 \Rightarrow PA'=r^2\ /\ PA \quad (10a);$

$A'=P+(A-P)*k \quad (10b) \Rightarrow$

$PA'=|P-A'| = |P-[P+(A-P)*k]| = |(P-A)*k| = PA*k \quad (10c)$

$Vergleich(10a)\ mit(10c)\ ergibt: r^2\ /\ PA = PA*k \Rightarrow k=r^2\ /\ PA^2 \quad (10d)$

$k\ aus(10d)\ in(10b)\ einsetzen: A' = P+(A-P)*r^2\ /\ AP^2 \quad (10e) \qquad q.e.d.$

Satz 7
Die Inversion/Spiegelung am Kreis ist „self inverse", d.h. jede weitere hebt die vorhergehende auf.
$A''=(A')'=f_{P,r}(f_{P,r}(A))=f_{P,r}(A')=A \quad (11)$

$Beweis\ von\ (11):$

$(10a) \Rightarrow (PA')^2 = r^4\ /\ PA^2 \quad (11a)$

$(10e) \Rightarrow A''=P+(A'-P)*r^2\ /\ (PA')^2 \quad (11b)$

$A'\ aus(10e)\ in(11b)\ einsetzen: A''=P+([P+(A-P)*r^2\ /\ AP^2]-P)*r^2\ /\ (PA')^2$

$\Rightarrow A''=P+([(A-P)*r^2\ /\ AP^2])*r^2\ /\ (PA')^2 = P+(A-P)*\dfrac{r^4}{AP^2*(PA')^2} \quad (11c)$

$(11a)\ in(11c)\ einsetzen: A''=P+(A-P)*\dfrac{r^4}{AP^2*(r^4/PA^2)}=P+(A-P)*1=A \quad (11d)\ q.e.d.$

Ist A fern von P, dann ist sein Spiegel A' nah an P (auf der gleichen Halbgeraden) und umgekehrt. B ist näher an P als A, also ist sein Spiegel B' weiter von P als der Spiegel A' von A (Bild 6). Der folgende Satz fasst einige schon gezeigte aber auch neue Fakten zusammen:

Satz 8 „Abbilder von Geraden und Kreisen"

1. Geraden, die <u>durch P</u> gehen, werden in sich selbst invertiert (Bild 6).
2. Geraden, die <u>nicht durch P</u> gehen, werden invertiert in <u>Kreise durch P</u> und umgekehrt (Bild7). Die Umkehrung gilt aufgrund von Satz 7 (11). Stücke solcher Geraden werden invertiert in Kreisbögen (Bild 7). Tangieren diese Geraden den Inversionskreis, so tangieren ihn auch ihre Abbildungen (Bild 7b).
3. Kreise, die <u>nicht durch P</u> gehen, werden invertiert in Kreise, die auch nicht durch P gehen. (Bild 8)
4. Ein Punkt auf dem Invertierungskreis und ein Kreis, der den Inversionskreis rechtwinklig schneidet, werden jeweils auf sich selbst abgebildet – sie sind Fixpunkte (z.B. B=B' in Bild 7b) bzw. Fixkreise

---

Satz 8.3 wird im zweiten Eulerbeweis gebraucht und dort in Satz 11 und (38) indirekt über ein festes Bild- zu Original-Radienverhältnis r²/p(P,K) bewiesen. Dort wird P=I und K=S=Γ1 gesetzt. Die restlichen Beweise zu Satz 8 würden hier zu viel Platz benötigen – in den Literaturhinweisen am Ende dieses Kapitels wird auf verschiedene Beweisverfahren hingewiesen. Der Bildpunkt A' kann nicht nur nach Satz 6 mit (10) berechnet, sondern auch graphisch mittels Thaleskreis über der Strecke Invertierungskreis-Mittelpunkt P – Originalpunkt A (PA) konstruiert werden. Die Tangente von A an den Invertierungskreis bildet mit dessen Radius r zum Berührungspunkt C einen rechten Winkel (= Peripheriewinkel über dem Thaleskreis-Durchmesser PA). Das Lot vom Berührungspunkt C auf den Thaleskreis-Durchmesser PA hat A', das Bild von A, als Fußpunkt. Dann gilt der Euklid'sche (Katheten-)Satz: Kathetenquadrat = Hypotenuse * Kathetenabschnitt => r² = PA * PA' (Bild 6b):

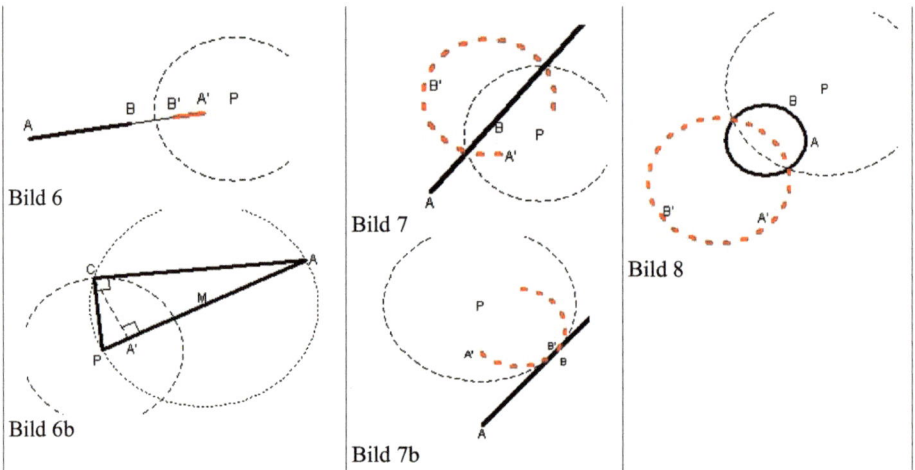

Bild 6

Bild 7

Bild 8

Bild 6b

Bild 7b

Dieses Thema wird ausführlicher in IV.8 in [3] und in 2.3.6 in [4] vorgestellt. In [4] auch als konforme Abbildung komplexer Zahlen und mit gebrochen linearen Abbildungen. Letztere werden auch in 2.5.4 in [2] behandelt.

2.6 Sinussatz

Der folgende Satz setzt die Winkel α, β, γ in den Ecken und die Seitenlängen a, b, c eines Dreiecks zueinander ins Verhältnis (Bild 9) und stellt eine Beziehung zum Umkreisradius her.

Satz 9
a) Die Sinuswerte der Eckwinkel eines Dreiecks verhalten sich wie die Längen der gegenüberliegenden Seiten: $\sin\alpha/\sin\beta = a/b$; $\sin\alpha/\sin\gamma = a/c$; $\sin\beta/\sin\gamma = b/c$ (12)
b) Der Quotient aus der Länge einer Dreiecksseite und dem Sinus des gegenüberliegenden Eckwinkels ist konstant: $a/\sin\alpha = b/\sin\beta = c/\sin\gamma = konstant$ (13)
c) und beträgt 2 Umkreisradien $a/\sin\alpha = b/\sin\beta = c/\sin\gamma = 2*R$ (14)
d) Die Dreiecksfläche A ist gleich dem Produkt der drei Seitenlängen geteilt durch den 4-fachen Umkreisradius R: $A=(a*b*c) / (4R)$ (15)

Bild 9:

$$\frac{\sin\alpha}{\sin\beta}=\frac{a}{b}; \quad \frac{\sin\alpha}{\sin\gamma}=\frac{a}{c}; \quad \frac{\sin\beta}{\sin\gamma}=\frac{b}{c} \quad (12)$$

$$\frac{a}{\sin\alpha} = \frac{b}{\sin\beta} = \frac{c}{\sin\gamma} = 2R \quad (14)$$

Dreiecksfläche: $A=\dfrac{a*b*c}{4R}$ (15)

Die Beweise nutzen die Flächenformel des Dreiecks: Fläche A = Länge der Grundseite * Höhe/2.

10

Beweis von (12) *und* (13):

Fläche $= A = c * h_c/2 = b * h_b/2 = a * h_a/2$ (12a)

$h_c = a * \sin\beta = b * \sin\alpha;$ $h_b = a * \sin\gamma = c * \sin\alpha;$ $h_a = c * \sin\beta = b\sin\gamma$ (12b)

(12b) *in* (12a) *eingesetzt* $\Rightarrow$ (12c):

$2A = c * (a * \sin\beta) = c * (b * \sin\alpha) = b * (a * \sin\gamma) = b * (c * \sin\alpha) = a * (c * \sin\beta) = a * (b * \sin\gamma)$

$2\dfrac{A}{c} = a * \sin\beta = b * \sin\alpha;$ $2\dfrac{A}{b} = a * \sin\gamma = c * \sin\alpha;$ $2\dfrac{A}{a} = c * \sin\beta = b * \sin\gamma$ (12d)

$\Rightarrow$ $\dfrac{a}{b} = \dfrac{\sin\alpha}{\sin\beta};$ $\dfrac{a}{c} = \dfrac{\sin\alpha}{\sin\gamma};$ $\dfrac{b}{c} = \dfrac{\sin\beta}{\sin\gamma}$ (12e) $\Rightarrow$ $\dfrac{a}{\sin\alpha} = \dfrac{b}{\sin\beta} = \dfrac{c}{\sin\gamma}$ (13a)   *q.e.d.*

Der Beweis von (14) bezieht sich auf Bild 10, in dem vom Umkreismittelpunkt O die Radien R zu den Dreiecks Ecken A, B und C eingezeichnet wurden:

Bild 10:

Es wird der Peripheriewinkelsatz 1a genutzt, wonach der Mittelpunktswinkel bei O (über AB) zwei Peripheriewinkeln γ entspricht. Der Beweis von (14) erfolgt mittels Paaren von kongruenten rechtwinkligen Dreiecken, die sich alle den Umkreismittelpunkt O als eine ihrer Ecken teilen:

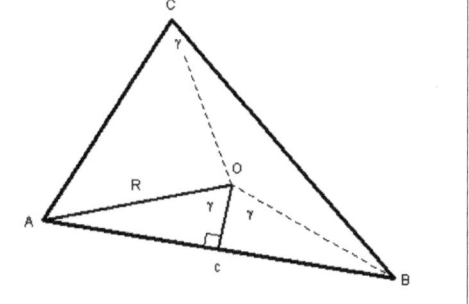

Beweis von (14):

$AB = c:$ $\sphericalangle(AOB) = 2\gamma;$ $\Delta\,AOB\,besitzt\,2\,gleiche\,Schenkel: AO = OB = R$ $\Rightarrow$

es besteht aus 2 *kongruenten rechtwinkligen* Δ $(\gamma, R, \dfrac{c}{2}),$ *mit*: $\dfrac{c}{2} = R * \sin\gamma$ (14a)

$BC = a:$ $\sphericalangle(BOC) = 2\alpha;$ $\Delta\,BOC\,besitzt\,2\,gleiche\,Schenkel: BO = OC = R$ $\Rightarrow$

es besteht aus 2 *kongruenten rechtwinkligen* Δ $(\alpha, R, \dfrac{a}{2}),$ *mit*: $\dfrac{a}{2} = R * \sin\alpha$ (14b)

$AC = b:$ $\sphericalangle(AOC) = 2\beta;$ *Dreieck* $AOC\,besitzt\,2\,gleiche\,Schenkel: AO = OC = R$ $\Rightarrow$

es besteht aus 2 *kongruenten rechtwinkligen* Δ $(\beta, R, \dfrac{b}{2}),$ *mit*: $\dfrac{b}{2} = R * \sin\beta$ (14c)

(14a, b, c) $\Rightarrow$ $2R = \dfrac{a}{\sin\alpha} = \dfrac{b}{\sin\beta} = \dfrac{c}{\sin\gamma}$ (14d)   *q.e.d.*

Der Beweis von (15) für die Dreiecksfläche A aus Seitenlängen a,b,c und Umkreisradius R wird mit Hilfe schon vorhandener Beweise erbracht:

Beweis von (15):

mit(12c): $A = \dfrac{c}{2} * a * \sin\beta,$ (14a): $\dfrac{c}{2} = R * \sin\gamma$ *und*   (14b): $\dfrac{a}{2} = R * \sin\alpha$ $\Rightarrow$

$A = (R * \sin\gamma) * (2 * R * \sin\alpha) * \sin\beta = 2R^2 * \sin\alpha * \sin\beta * \sin\gamma$ (15a)

(15a) *mit* 4R *erweitern*: $A = \dfrac{(2R * \sin\alpha) * (2R * \sin\beta) * (2R * \sin\gamma)}{4R}$ (15b)

(14a, b, c) *in* (15b) *einsetzen*: $A = \dfrac{a * b * c}{4R}$ (15c)   *q.e.d.*

Der Sinussatz wird auch in III.1 Satz 1 und 2 in [3] und in 2.2 in [4] bewiesen.

3 Beweise der Euler-Formel

Nach den umfangreichen Vorbereitungen ist zumindest der klassische Beweis der Euler-Formel für den Abstand von Inkreis (I)- und Umkreis(O)-Mittelpunkt in Abhängigkeit zugehöriger Radien r und R: $OI^2 = R^2 - 2*R*r$ schnell erbracht. Der Inversionsbeweis dagegen braucht noch einigen Aufwand für die Visualisierung.

3.1 Klassischer Beweis

Nach Definition 4 und dem Sehnensatz 5 mit Formel (9) gilt für jede Sehne des Umkreises $\Gamma1$ des Dreiecks, die durch I den Inkreismittelpunkt geht, eine bestimmte feste Potenz $p(I, \Gamma1)$. Diese ist völlig unabhängig davon, welche Sehne durch I wir betrachten. Wir wählen zum einen eine Winkelhalbierende z.B. AL, die den Winkel in der Ecke A des Dreiecks halbiert, und zum anderen eine Sehne, die außer durch I auch noch durch den Umkreismittelpunkt O geht. Letztere berührt den Umkreis in irgendwelchen Punkten X und Y (Bild 11). Die Distanzen von I aus zu ihnen werden mittels Umkreisradius R und dem Abstand OI zwischen den Mittelpunkten ausgedrückt:

$$IX = R + OI, \quad IY = R - OI \quad \Rightarrow$$
$$p(I, \Gamma1) = AI*IL = IX*IY = (R+OI)*(R-OI) = R^2 - OI^2 \quad (16) \Rightarrow \quad OI^2 = R^2 - p(I, \Gamma1) \quad (17)$$

Wir müssen jetzt nur noch zeigen, dass in (17) die Potenz $p(I, \Gamma1) = 2Rr$ ist, dann ist die Eulerformel (1) komplett bewiesen. Die Winkelhalbierende AL ist uns schon stückweise bekannt: nach Satz 3 Formel (7) ist das Stück IL = CL und das Stück AI ist die Hypothenuse in einem bei P rechtwinkligen Dreieck API, mit P als Fußpunkt des Lotes von I auf die Dreiecksseite AC. Dieses Lot hat gemäß Satz 4 als Länge den Inkreisradius r. Weiterhin gilt für alle Dreiecke, deren Eckpunkte auf dem Umkreis um O mit Radius R liegen, der Sinussatz 9 mit Formel (14). Uns interessiert hierzu das Dreieck CAL und die Sehne CL (Bild 11):

Bild 11:

$$\frac{r}{AI} = \sin\frac{\alpha}{2} \quad \Rightarrow \quad AI = \frac{r}{\sin\alpha/2} \quad (18) \Rightarrow (19)$$

$$(14) mit \Delta ACL: \frac{CL}{\sin\sphericalangle CAL} = 2R = \frac{CL}{\sin\alpha/2}$$

$$(7) war: CL = IL \Rightarrow 2R = \frac{IL}{\sin\alpha/2} \quad (20)$$

$$(20) \Rightarrow \quad IL = 2R*\sin\alpha/2 \quad (21)$$

$$(16),(18),(21) \Rightarrow$$

$$p(I, \Gamma1) = AI*IL = \frac{r}{\sin\alpha/2}*2R*\sin\alpha/2$$

$$\Rightarrow \quad p(I, \Gamma1) = 2Rr \quad (22) \qquad q.e.d.$$

$$(22) in (17) eingesetzt: \quad OI^2 = R^2 - 2Rr \quad (23)$$

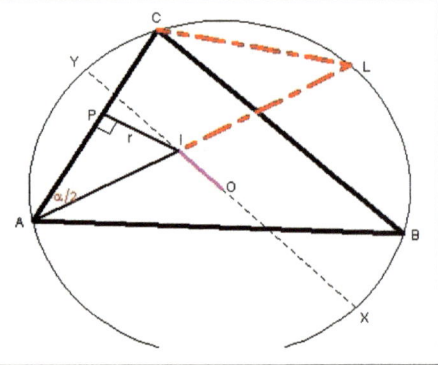

(22) hat das gewünschte Resultat erbracht. (23) ist identisch mit (1), wir haben damit also bereits die Euler-Formel (1) bewiesen.

3.2 Inversionsbeweis

Spiegeln wir unser Dreieck ABC am Inkreis $\Gamma2$ um I, dann werden gemäß Satz 8.2 die Geraden, die die 3 Seiten enthalten, in drei Kreise, die alle I enthalten und die jeweilige Gerade als Tangente haben, abgebildet. Die Dreiecksseiten selber würden nur auf Kreisbögen abgebildet. Die Gerade, die entsteht, wenn wir die Seiten unendlich über ihre Enden hinaus verlängern, wird jedoch auf jeweils einen kompletten Kreis abgebildet. Die unendlich fernen Punkte werden dabei alle auf den Mittelpunkt des Kreises, an dem gespiegelt wird (=$\Gamma2$), also auf I, abgebildet: in Satz 6 Formel (10) ergibt sich dabei A'=P bzw. A'=I, da der Invertierungskreis I statt P als Mittelpunkt hat. Bild 12 zeigt die 3 Kreise, die als Abbildungen der die 3 Dreiecksseiten enthaltenen Geraden durch die Spiegelung am Inkreis um I entstehen. Die 3 Bildkreise haben also alle den gleichen Durchmesser (Hälfte vom Inkreis): $2\rho = |Tangentialpunkt\ auf\ Dreiecksseite - I| = r \Rightarrow \rho = r/2$ (24)

Wir nennen die Tangentialpunkte wie in [1]: P (auf BC), Q (auf AB) und T (auf AC). Diese werden gemäß Satz 6 Formel (10) bzw. Satz 8.4 auf sich selbst gespiegelt (Fixpunkte). Die Mittelpunkte m_{AB}, m_{BC} und m_{CA}, der duch die Inversion entstehenden 3 Kreise liegen in der Mitte der Strecken vom jeweiligen Tangentialpunkt nach I (Bild 12):

Bild 12:
$Radius\ der\ 3\ Bildkreise = \rho = r/2$
$2*\rho = PI = QI = TI = r$ (24)

$Mittelpunkte\ der\ Bildkreise:$
$$m_{AB} = (Q+I)/2$$
$$m_{AC} = (T+I)/2 \quad \left. \right\} \quad (25a,b,c)$$
$$m_{BC} = (P+I)/2$$

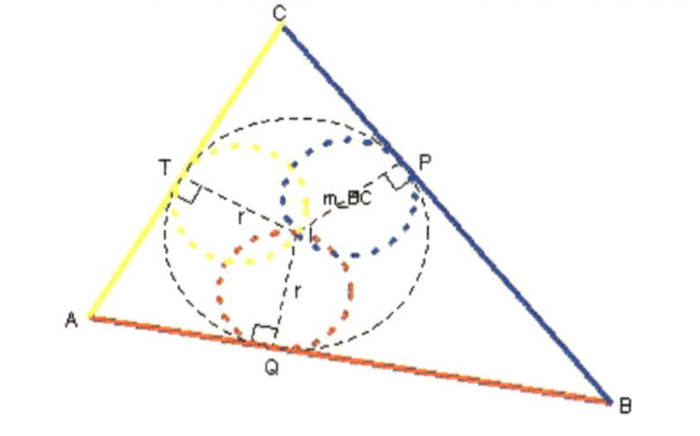

Die Tangentialpunkte P, Q und T sind Fußpunkte für die Lote von I auf die Dreiecksseiten und liegen wegen des rechten Winkels, den die Lote mit den Dreiecksseiten bilden, auf Thales-Kreisen über den Strecken AI, BI und CI (Bild 13):

Bild 13:
$T, Q \in Thaleskreis\ \ddot{u}ber\ AI \Rightarrow$ (26a)
$AQIT \in Kreis\ um \dfrac{A+I}{2} \quad m.Radius = \dfrac{AI}{2}$

$Q, P \in Thaleskreis\ \ddot{u}ber\ BI \Rightarrow$ (26b)
$BQIP \in Kreis\ um \dfrac{B+I}{2} \quad m.Radius = \dfrac{BI}{2}$

$T, P \in Thaleskreis\ \ddot{u}ber\ CI \Rightarrow$ (26c)
$CPIT \in Kreis\ um \dfrac{C+I}{2} \quad m.Radius = \dfrac{CI}{2}$

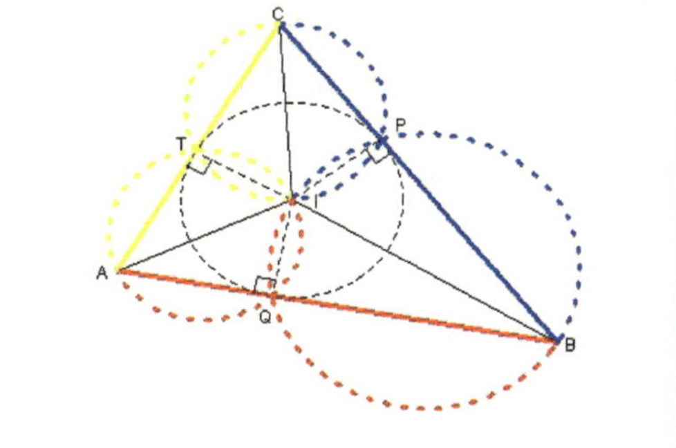

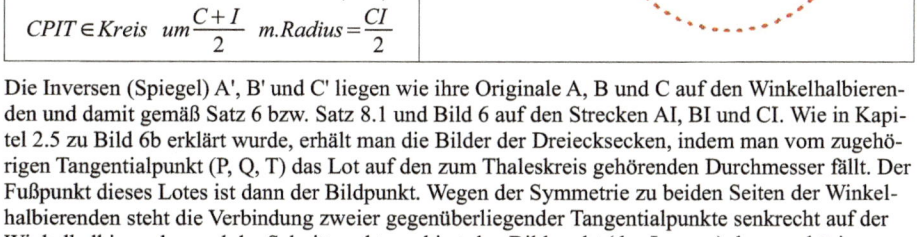

Die Inversen (Spiegel) A', B' und C' liegen wie ihre Originale A, B und C auf den Winkelhalbierenden und damit gemäß Satz 6 bzw. Satz 8.1 und Bild 6 auf den Strecken AI, BI und CI. Wie in Kapitel 2.5 zu Bild 6b erklärt wurde, erhält man die Bilder der Dreiecksecken, indem man vom zugehörigen Tangentialpunkt (P, Q, T) das Lot auf den zum Thaleskreis gehörenden Durchmesser fällt. Der Fußpunkt dieses Lotes ist dann der Bildpunkt. Wegen der Symmetrie zu beiden Seiten der Winkelhalbierenden steht die Verbindung zweier gegenüberliegender Tangentialpunkte senkrecht auf der Winkelhalbierenden und der Schnittpunkt markiert den Bildpunkt (das Inverse) der zugehörigen Dreiecksecke (Bild 14).

Satz 10
Das Deieck A'B'C' hat halbe Abmessungen (und damit ¼ -Fläche) im Vergleich zum Dreieck PQT.

Das Dreieck A'B'C' ist das Mittendreieck zum Dreieck PQT. Aufgrund der Strahlensätze folgt, dass die Dreiecke A'B'C' und PQT ähnlich sind:

Die Bildpunkte A', B', C' liegen außerdem auf den Schnittpunkten je zweier der Bildkreise der die Dreiecksseiten enthaltenden Geraden (Bild 12), da die Originale A,B,C jeweils 2 Geraden angehören. Sie liegen auch auf einem weiteren Kreis Γ1' (Bild 14), der das Bild des Dreiecks-Umkreises durch A, B und C ist, denn nach Satz 8.3 und Bild 8 ist das Abbild eines Kreises (Umkreis Γ1), der nicht duch den Mittelpunkt (I) des Inversions-Kreises (Inkreis Γ2) geht, wieder ein Kreis, der nicht durch den Inversionskreismittelpunkt geht.

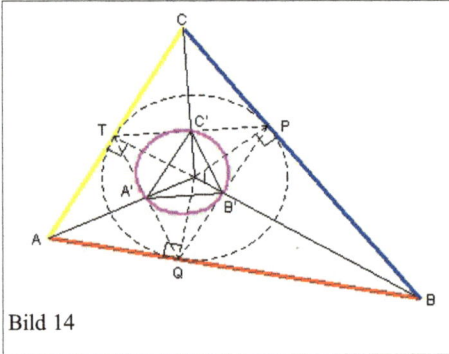

$TQ \perp IA$;
A' = *Fusspunkt Lot von T* (*oder Q*)*auf IA*
⇒ $inv(A)=A'=(T+Q)/2$ (30a)

$PQ \perp IB$;
B' = *Fusspunkt Lot von Q* (*oder P*)*auf IB*
⇒ $inv(B)=B'=(Q+P)/2$ (30b)

$PT \perp IC$;
C' = *Fusspunkt Lot von T* (*oder P*)*auf IC*
⇒ $inv(C)=C'=(T+P)/2$ (30c)

Γ1'=magenta *Kreis A'B'C'*=$inv(\Gamma 1)$ (31)

Bild 14

Bild 15 fasst die in Bild 12 und Bild 14 einzeln dargestellten Tatsachen zusammen:

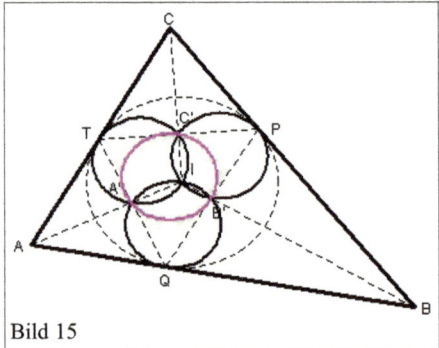

Γ2=*Inkreis um I = großer Kreis gestrichelt berührt* ΔABC *in* P,Q,T

P,Q,T = *Fußpunkte d. Lote v. I auf Δ Seiten sind Fixpunkte bei Spiegelung an* Γ2

3 *kleine schwarz durchgezogene Kreise sind Abbilder d. Geraden, die AB, BC, CA enthalten jeder Kreis enthält die Abbilder von 2 Ecken ihr Radius ist* ρ=r/2

kleiner Kreis magenta *durchgezogen ist Abbild des Umkreises des* ΔABC, *er enthält A', B', C'*

Bild 15

I ist zum einen der Mittelpunkt des Kreises an dem invertiert wird und zum anderen der Punkt, von dem aus gerichtete Abstände gemessen werden, wenn eine Potenz p(I,S) von I bezüglich eines Kreises S berechnet wird. Die Sehne/Sekante durch I schneide den Kreis S in X und Y (Bild 16).

Satz 11:
Das Verhältnis der Radien von Bild- zu Originalkreis beträgt bei Spiegelung am Inkreis: $r^2 / p(I,S)$.

Aus Kapitel 2.4 wissen wir, dass die Potenz eines Punktes im Kreis negativ ist, da die Abstände von ihm zu den Sehnenenden in entgegengesetzte Richtungen gemessen werden. Um auf die Richtung nicht mehr achten zu müssen, schreiben wir in der folgenden Formel (32) die Potenz mit einem Minuszeichen und verwenden echte Beträge für die Sehnenabschnitte:

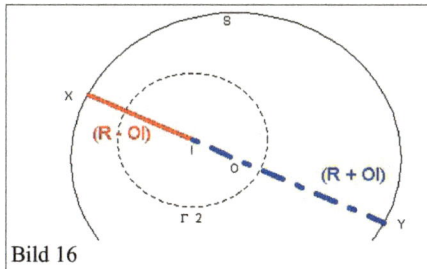

Bild 16

Nun wollen wir Formel (9) des Sehnensatzes 5 sowohl auf die Original-Sehnenabschnitte IX und IY, als auch auch die gespiegelten/invertierten IX' und IY' anwenden, um das Verhältnis von Bild- zu Originalkreisradien erkennen zu können (38).

Beweis von Satz 11 (*Teil* 2):

$$(34),(36) \Rightarrow r'^2 = IX' * IY' = \left[\frac{r^2}{p(I,S)}\right]^2 * (IX * IY) = \left[\frac{r^2}{p(I,S)}\right]^2 * r^2 \quad (37)$$

$$r'^2 = \left[\frac{r^2}{p(I,S)}\right]^2 * r^2 \Rightarrow \frac{r'}{r} = \left[\frac{r^2}{p(I,S)}\right] = Radienverhältnis \quad (38) \qquad q.e.d.$$

Das Radienverhältnis wird jetzt auf den Radius R des Umkreises und den seines Bildes R' angewandt (d.h. aus S wird der Umkreis Γ1) und ergibt eine Formel für OI (40):

$$(16) war: \quad p(I, \Gamma 2) = (R+OI)*(R-OI) = R^2 - OI^2 \quad mit (38) \Rightarrow$$

$$\frac{R'}{R} = \frac{r^2}{(R-OI)(R+OI)} = \frac{r^2}{R^2 - OI^2} \quad (39); \quad nach OI \ umstellen: \quad OI^2 = R^2 - \frac{r^2 * R}{R'} \quad (40)$$

(40) ist der zu beweisenden (1) schon sehr ähnlich, wir müssen nur noch den Radius R' des invertierten Umkreises (also des Kreises durch A', B' und C') einsetzen. In [1] wird mit dem in Bild 17 in schwarz und blau gezeichneten Parallelepiped (Spat, Parallelflach, schiefwinkliger Quader, 3dimensionales Gebilde mit 3 Paaren von parallelen Flächen) argumentiert, dass die blau eingezeichneten Strecken der Länge σ genauso lang sind, wie die schwarz eingezeichneten Strecken der Länge ρ, für die wir mit (24) schon ρ=r/2= halber Inkreisradius gefunden hatten

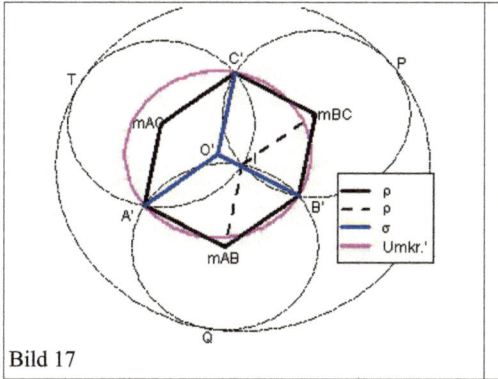

Bild 17

schwarze Geradenstücke: *Länge* = ρ = *r* / 2

$$\rho = m_{AC} - C' = m_{AC} - A' = m_{AC} - I$$
$$\rho = m_{BC} - C' = m_{BC} - B' = m_{BC} - I \quad \Bigr\} \ (41)$$
$$\rho = m_{AB} - A' = m_{AB} - B' = m_{AB} - I$$

blaue Geradenstücke haben die Länge σ
$$\sigma = O'A' = O'B' = O'C'$$
$$\sigma = Radius(\Gamma 1') = R' \quad (42)$$

Parallelepiped: *paarweise gleiche Maße*
$$\Rightarrow R' = \sigma = \rho = r/2 \quad (43)$$
$$mit (40): \quad OI^2 = R^2 - r^2 * R / R' \Rightarrow$$
$$OI^2 = R^2 - r^2 * R/(r/2) = R^2 - 2Rr \quad (44)$$

(44) ist identisch mit (1), wir haben hier also bereits die Euler-Formel (1) bewiesen. Wir wollen uns aber nicht auf das Parallelepiped verlassen, sondern es noch auf andere Weise zeigen:

Satz 12:
Der Radius R' des Bildes $\Gamma1'$ des Dreiecksumkreises $\Gamma1$ ist halb so groß wie der Radius r des In-kreises, an dem gespiegelt/invertiert wurde.

Zum Beweis verwenden wir Satz 9d Formel (15) zur Berechnung von Dreiecksflächen aus 3 Seiten-längen und Umkreisradien: Wir wenden sie zweimal an: auf das Dreieck PQT und sein nur 1/4 so großes Mittendreieck A'B'C' (wurde in (29) gezeigt), das einen Umkreis mit Radius R' hat.

Beweis von Satz 12 :

$$(15): \quad \Delta\,Fläche = A = \frac{Produkt\;der\;Seitenlängen}{4\,Umkreisradien} \quad mit \quad Radius = R' = \sigma \quad bzw. = r \Rightarrow$$

$$Radius = R': Fläche\,\Delta\,A'B'C' \;= A_1 = \frac{PQ/2 \;*\; QT/2 \;*\; TP/2}{4*\sigma} = \frac{PQ \;*\; QT \;*\; TP}{4*2*(4*\sigma)}$$

$$Radius = r: \quad Fläche\,\Delta\,PQT \;= A_2 = \frac{PQ \;*\; QT \;*\; TP}{4*r} \stackrel{(29)}{=} 4*A_1 = \frac{PQ \;*\; QT \;*\; TP}{2*(4*\sigma)} \Rightarrow$$

$$r = 2\sigma \quad \Rightarrow \quad \sigma = R' = r/2 \quad (45) \qquad q.e.d.$$

(45) bestätigt (43) und ergibt mit (40) die zu beweisende Euler-Formel (1) bzw. (44). Damit sind wir mit dem Invertierungsbeweis und der gesamten Präsentation fertig.

4 Quellen

[1] "How anyone can prove Euler's Formula" von Nathan Bowler vom Department of Pure Mathe-matics and Mathematical Statistics der Universität Cambrigde, United Kingdom, December 2009, http://www.dpmms.cam.ac.uk/~njb65/Euler.pdf

[2] Vorlesung "Geometrie der Ebene – Kurs 01256" an der FernUniversität in Hagen im WS 2011/ 12, Kurseinheiten 1 und 2

[3] "Elemente der Geometrie" von Harald Scheid, 3. Auflage, Spektrum, Akademischer Verlag 2001, ISBN 3-8274-1180-7, Kapitel II

[4] "Elementar-Geometrie" von Ilka Agricola und Thomas Friedrich, 3. Auflage Vieweg+Teubner Verlag, Springer Fachmedien Wiesbaden GmbH 2011, ISBN 978-3-8348-1385-5, Kapitel 2

[5] "Leitfaden Geometrie" von Susanne Müller-Philipp und Hans-Joachim Gorski, 4. Auflage, Vie-weg+Teubner, GWV Fachverlage GmbH, Wiesbaden 2009, ISBN 978-3-8348-0097-8, Kap. 6

[6] "Geometrie – Anwendungsbezogene Grundlagen und Beispiele" von Martin Nitschke, Fach-buchverlag Leipzig im Carl Hanser Verlag 2005, ISBN 3-446-22676-1, Kapitel 1

[7] "Meyers kleine Enzyklopädie Mathematik" von Prof. Siegfried Gottwald u.a., 14. Auflage, Bib-liographisches Institut & F.A. Brockhaus AG, Mannheim 1995, ISBN 3-411-07771-9, Kapitel I.7 Planimetrie

[8] "Geometrie und ihre Anwendungen in Kunst, Natur und Technik" von Prof. Georg Glaeser, 2. Auflage, Spektrum Akademischer Verlag / Elsevier GmbH, München 2007, ISBN 978-3-8274-1797-8, Kapitel 1

[9] "Taschenbuch der Mathematik" von Bronstein, Semendjajew, Musiol, Mühlig, 7. Auflage, Wis-senschaftlicher Verlag Harri Deutsch GmbH, Frankfurt am Main, 2008, ISBN 978-3-8171-2007-9, Kapitel 3.1 Planimetrie

[10] Mathematische Software R (Version 2.14.2) von der Universität Aukland, Australien = Open Source-Variante der Software S von den Bell-Labs/AT&T, http://www.r-project.org/

[11] "Software for Data Analysis: Programming with R" von Prof. John Chambers, Stanford Uni-versity, 1. Auflage, Verlag Springer USA, ISBN 0387759352

[12] Interaktive Geometrie-Software "GeoGebra" Version 4.0.25, http://www.geogebra.org

5 Anhänge

5.1 Anhang A-Übersetzung wichtiger Begriffe

Für einen Abgleich mit Bowlers Artikel [1], der in englisch verfasst ist, möge die folgende Übersetzungstabelle hilfreich sein:

englisch	deutsch	Bemerkung, Konstruktion
orthocentre	Höhenschnittpunkt	Liegt auf der Euler-Geraden
centroid	Schwerpunkt	Schnittpunkt der Seitenhalbierenden, Mittelwert der Ortsvektoren der Dreiecksecken. Liegt auf der Euler-Geraden
Circumcircle center	Umkreis-Mittelpunkt	Schnittpunkt der Mittelsenkrechten der Dreiecksseiten. Liegt auf der Euler-Geraden
Incircle center	Inkreis-Mittelpunkt	Schnittpunkt der Winkelhalbierenden, die von den Dreiecksecken ausgehen. Liegt nicht auf der Euler-Geraden.
Angle bisector	Winkelhalbierende	Gerade durch die Mitte eines Winkels (… durch den Mittelpunkt eines in den Winkel genau passenden Inkreises).
Power 'p' of a point X with respect to a circle Γ = p(X, Γ)	Potenz 'p' eines Punktes X bezüglich eines Kreises Γ)	Produkt der (gerichteten) Abstände eines Punktes X, von dem eine Sekante ausgeht die einen Kreis Γ in den Punkten A und B schneidet, zu diesen Punkten A bzw. B: p(X,Γ)= XA * XB. Es ist für ein festes X,Γ fest, d.h. unabhängig von der Richtung der Sekante.
chord	Sehne	Geradenstück, dessen Endpunkte die Schnittpunkte der Geraden mit einem Kreis sind
secant	Sekante	Gerade, die einen Kreis schneidet (in genau 2 Punkten). Wird zur Tangente wenn beide Kreisschnittpunkte in einem Punkt zusammenfallen.
pedal triangle	Innendreieck	Dreieck, dessen Ecken auf den Seiten eines äußeren Dreiecks liegen und die die Fußpunkte der Lote von einem Punkt innerhalb beider Dreiecke auf die Seiten des äußeren Dreiecks sind.
medial triangle	Mittendreieck	Spezielles Innen/Pedal-Dreieck, bei dem die Eckpunkte auf den Mitten des äußeren Dreiecks liegen

5.2 Anhang B: Programmlistings

Es folgen R-Programme zum Berechnen und Zeichnen von Dreiecken mit Inkreis, Umkreis, Invertierungskreisen, Schwerpunkt, Höhenschnittpunkt, Lotfusspunkten, …. Die Datei "dreieck.R", ein in R geschriebenes Skript, wird innerhalb von R wie folgt geladen und ausgeführt.

```
>  source("dreieck.R")
```

Danach können alle darin enthaltenen Funktionen (insbesondere auch die, die die Bilder erzeugen) aufgerufen werden. Die Funktionsaufrufe, die bereits im Skript stehen, werden automatisch ausgeführt.

Die Datei wird aber nur gefunden, wenn der Verzeichnispfad richtig gesetzt ist. Wer den Verzeichnispfad (working directory) nicht im Datei-Menü von R manuell einstellen oder jedesmal beim Laden einer Datei ausschreiben will, sollte einen setwd()-Befehl, wie den folgenden (man beachte die Slashes statt Backshlashes, die in R für jedes Betriebssystem – auch für Windows - gelten):

```
setwd("C:/Users/hugo/Documents/FernUnis/FernUniHagen/MasterMatheMethodenModelle/
1256GeometrieEbene/Rproz")
```

in der R-Initialisierungsdatei C:\Program Files\R\R-2.14.2\etc\Rprofile.site einfügen.

```
# dies ist das R-scriptfile "dreieck.R"
# es kann in R wie folgt ausgeführt werden: source("dreieck.R")
# und unterstützt die Präsentationsarbeit im Fach 01256 - GdE


# A,B,C sind 2-dimensionale Vektoren für die Ecken eines Dreiecks
A<- 1.5*c(-6,-1);
B<- 1.5*c(5,-3);
C<- 1.5*c(-2,6)

# Centroit = Schwerpunkt =Schnittp.d. Seitenhalbierenden nach Kap.1.2.3 Skript 01256 GdE
# cedtroit = 1/3  * (a+b+c)
centro <- function (a,b,c) {
        puffer <- (a + b + c) / 3
        puffer
        }
centroit <- centro(A,B,C)


# Senkrechte auf Vektor x=(x1,x2) ist x_senkr=(-x2,x1)
vek_senkr <- function(x) {
        puffer1<-x[1]
        x[1]<- -x[2]
        x[2]<- puffer1
        x
        }


# Länge einer Vektordifferenz = Abstand 2er Punkte
abstand <- function(x1,x2) {
        puf <- x1-x2
        puf2 <- sqrt( t(puf) %*% (puf) )  # Wurzel aus Skalarprodukt
        puf2
        }


# [a,b,c] nach Kap. 1.2.5 und 2.4.4 im Skript 01256 GdE
# [a,b,c]:= <a_senkr,b> + <b_senkr,c> + <c_senkr,a>
abc <- function (A,B,C) {
        puffer2 <- (t(vek_senkr(A)) %*% B) + ( t(vek_senkr(B)) %*% C ) + ( t(vek_senkr(C)) %*% A )
        puffer2
        }
ac <- abc(A,B,C)


# g_abc nach Kap 1.2.7 (3) im Skript 01256 GdE ist eine Linearkombin. von 3 Vektoren
# ga,b,c := <a - b, a + b - 2c>c + <b - c, b + c - 2a>a + <c - a, c + a - 2b>b
gabc <- function(a,b,c) {
        puffer3<-(t(a - b) %*% (a + b - 2 * c)) * c + (t(b - c) %*% (b + c - 2 * a)) * a
        puffer3 <- puffer3 + (t(c - a) %*% (c + a - 2* b)) *b
        puffer3
        }
gac <- gabc(A,B,C)


# f_abc nach Kap 1.2.7 (2) im Skript 01256 GdE hat Richtung von g_abc
# fa,b,c := 1/ (s* [a,b,c]) * ga,b,c
fabc <- function (a,b,c) {
        puffer4 <- gabc(a,b,c) / 3
        puffer4 <- puffer4 / abc(a,b,c)
```

```
        puffer4
        }
fac <- fabc(A,B,C)


# s_abc = Höhenschnittp = orthocenter nach Kap 1.2.7 (1) im Skript 01256 GdE
# sa,b,c := 1/3 (a+b+c) - f_abc_senkr
sabc <- function (a,b,c) {
        puffer <- ( (a+b+c) /3) - vek_senkr(fabc(a,b,c) )
        puffer
        }
#sac <- sabc(A,B,C)


# m_abc = Umkreismittelp = circumcenter nach Kap 2.4.4 (1) im Skript 01256 GdE
# ma,b,c := 1/3 (a+b+c) + 1/2 * f_abc_senkr
mabc <- function (a,b,c) {
        puffer <- ( (a+b+c) /3) + (vek_senkr(fabc(a,b,c) ) / 2)
        puffer
        }


# r_umkr = Umkreisradius = Abstand A (oder B oder C) zum Umkreismittelpunkt
# r_umkr = | A - ma,b,c |
r_umkr <- function (a,b,c) {
        Radius <- ( a - mabc(a,b,c) )
        puffer <- sqrt( (Radius[1]^2) + (Radius[2]^2) )
        puffer
        }


# Normierung eines Vektors: Komponenten des Vektors durch seine Länge teilen => neue Länge = 1
normiert <- function(x) {
        laenge2 <- x[1]^2 + x[2]^2
        laenge <- sqrt(laenge2)
        x[1] <- x[1] / laenge
        x[2] <- x[2] / laenge
        x
        }


# Inkreismittelpunkt m_inkreis = Schnittp. d. Winkelhalbierenden = A + r1*A2 = B + r2*B2 = C* r3*C2
# Skalarprodukt mit B2_senkr ergibt <A,B2_senkr> + r1 * <A2,B2_senkr> = <B,B2_senkr> =>
# r1 = <B-A,B2_senkr> / <A2,B2_senkr> und m_inkreis = A + r1 * A2 = Abstand Ecke A bis
Inkreismittelp.
inkreis <- function (A,B,C) {
        # Gibt Vektor mit 3 Elementen zurück: 2 für Inkreismittelp. + 1 für r1 = Abstand Ecke A bis
Mittelp
        # Einheitsvekt. in Richt. Winkelhalbier. in Ecke A= A2 =normiert(normiert(A->B)+normiert(A-
>C))
        A2<-normiert(normiert(B-A)+normiert(C-A))
        # Einheitsvekt. in Richt. Winkelhalbier. in Ecke B= B2 =normiert(normiert(B->A)+normiert(B-
>C))
        B2<-normiert(normiert(A-B)+normiert(C-B))
        B2_senkr <- vek_senkr(B2)
        # Einheitsvekt. in Richt. Winkelhalbier. in Ecke C= C2 =normiert(normiert(C->A)+normiert(C-
>B))
        # C2<-normiert(normiert(A-C)+normiert(B-C))
        r1 <- (t(B-A) %*% B2_senkr) / (t(A2) %*% B2_senkr)
        # zwei Inkreismittelpunkts-Koordinaten
        puffer <- A + (r1 * A2)
        puffer[3]<-r1      # Länge A-InkreisMittelpunkt
        puffer
        } # Ende von inkreis()


# Innenwinkel alpha, beta und gamma in den Ecken A, B und C des Dreiecks berechnen
winkel <- function (A,B,C) {
        # cos_alpha = <normiert(B-A),normiert(C-A)>;
        alpha <- acos( t(normiert(B-A)) %*% normiert(C-A) )
        # cos_beta = <normiert(A-B),normiert(C-B)>;
        beta <- acos( t(normiert(A-B)) %*% normiert(C-B) )
        # cos_gamma = <normiert(A-C),normiert(B-C)>;
        gamma <- acos( t(normiert(A-C)) %*% normiert(B-C) )
        winkel<-numeric(3)
        winkel[1]<-alpha
        winkel[2]<-beta
        winkel[3]<-gamma
        winkel
        } # ende von winkel()
```

```
# Inkreisradius r = r1 * sin(alpha/2)
# mit r1 = Abstand Ecke A bis Inkreismittelp), alpha = Innenwinkel an Ecke A
i_radius <- function (r1,alpha) {
        puffer<- r1 * sin(alpha / 2)
        puffer
        }


# Bogenmittelpunkte L,M,N auf dem Umkreis (mit Radius R) des Dreiecks mit Ecken A,B,C
bomittel <- function(A,B,C) {
        # M zw. A und C, N zw. A und B, L zw. B und C, m_abc = Umkreismittelp, R=Radius
        m_abc <- mabc(A,B,C)
        # Skalarprodukt Vektor mit sich = Betrag zum Quadrat
        R<-sqrt( t(m_abc - A) %*% (m_abc - A) )
        # bc2=Mittelpunkt von BC
        bc2<-(B+C)/2; L<-m_abc + (R * normiert(bc2 - m_abc) )
        # ac2=Mittelpunkt von AC;
        ac2<-(A+C)/2; M<-m_abc + (R * normiert(ac2 - m_abc) )
        # ab2=Mittelpunkt von AB
        ab2<-(A+B)/2; N<-m_abc + (R * normiert(ab2 - m_abc) )
        # L ist 1. bis 2., M ist 3. bis 4., N ist 5. bis 6. Kompomente
        puf<-c(L,M,N)
        puf
        } # Ende von bomittel()


# Fußpunkt P des Lotes von einem Punkt x auf eine Gerade/Seite gegeben durch 2 Punkte A,B
fusspunkt <- function (X,A,B) {
        # PX = Abstand von P und X, AB=Abstand von A und B, AX=Abstand von A und X, ...
        # (PX)^2=PX2=BX2-PB2=BX2-(AB-AP)2=BX2-AB2+2(AB)(AP)-AP2=AX2-AP2 => BX2-AB2+2(AB)(AP)=AX2
        # AP= ( AX2 - BX2 + AB2 ) / (2 * (AB) ) = Abstand von A nach P (auf Gerade durch A u. B)
        AP<-( (t(X-A) %*% (X-A)) - (t(X-B) %*% (X-B)) + (t(B-A) %*% (B-A)) )
        AP<- AP / (2 * sqrt(t(B-A) %*% (B-A)) )
        # fusspunkt = A + (AP * normiert(B-A) )
        puf<- A + (AP * normiert(B-A) )
        puf
        } # Ende von fusspunkt()


# invAmKreis() invertiert Punkt A am Kreis um P mit Radius r: B=f(A) mit PB * PA = r*r
invAmKreis<- function(A,P,r) {
        PA2 <- t(A-P) %*% (A-P)      # Skalarprodukt ergibt Betragsquadrat des Vektors P->A
        B   <- P + ( (A-P) * (r * r / PA2) )
        B
        }   # Ende von invAmKreis()


# pl_... sind meine Funktionen zum Zeichnen von Kreisen, Dreiecken, Linien, Punkten, ...
# png() eröffnet eine Graphikdatei in die ,statt auf ein Bildschirmfenster, gezeichnet wird
# diese wird mit dev.off() nach allen plot(),lines(),points(),...-Befehlen geschlossen
# statt png() geht auch postscript(), pdf(), jpeg(), ...
#png(filename = "Rplot%03d.png")

plot.new()
# split.screen() teilt meist das Graphikfenster in mehrere Spalten und Zeilen ein
split.screen(c(1,1))
screen(n=1)
# plot() ist ein High-Level-Graphik-Befehl der außer der Kurve z.B. auch Achsen zeichnet
# High-Level Befehle wie plot(), image() löschen normalerweise alles im Graphikfenster
# lines(), points(), segments(), text(), ... sind Low-Level-Graphik-Befehle, die eine
# High-Level Zeichnung ergänzen und keine eigenen Achsen, Labels, x-, y-Limits, ... erzeugen.
# also erst ein plot(), dann mehrere lines(), points(), text(), ...
# wenn mehrere plot(), dann alle mit den gleichen xlim=c( , ), ylim=c( , ) und
# ab zweitem screen(new=FALSE); plot( .... axes=FALSE,xlab="",ylab="") verwenden, damit
# schon Gezeichnetes nicht gelöscht/überschrieben wird

# Graphik-Rahmen festlegen, indem nichts "n" gezeichnet wird
screen(new=FALSE)
plot(c(0,0),c(0,0),"n" ,xlim=c(-10,10), ylim=c(-10,10),axes=FALSE,xlab="",ylab="")


# pl_kreis zeichnet Kreis um Mittelpunkt mit vorgegebenem Radius
pl_kreis <- function (mitte, radius, Breite=1,LinTyp=1,color="black") {
        phi<-seq(from=0,to=100)
        phi<- phi * (pi / 50)
        x<- mitte[1] + radius * cos(phi)
        y<- mitte[2] + radius * sin(phi)
        #lines(x,y,"l" ,xlim=c(-10,10), ylim=c(-
10,10),xlab="",ylab="",lwd=Breite,lty=LinTyp,col=color)
        lines(x,y,"l",lwd=Breite,lty=LinTyp,col=color)
```

```
        }


# pl_halbkreis zeichnet Halbkreis über dem durch d1 und d2 begrenzten Durchmesser, beginnt "rechts"
# faktor=1 => oberer Halbkreis , faktor=-1 => unterer Halbkreis,
# faktor <> 1  => mehr oder weniger als ein Halbkreis, faktor=0.5 => Viertelkreis,
pl_halbkreis <- function (d1, d2, faktor=1, Breite=1,LinTyp=1,color="black") {
        mitte<- (d1 + d2) / 2 ; radius<- sqrt( t(d1-d2) %*% (d1-d2) ) / 2
        # Skalarprodukt zweier Einheitsvektoren = cos (Winkel zw. den Vektoren)
        x1vek <- c(1,0); d1_d2<- normiert(d2-d1)
        phi_anf <- acos ( t(x1vek) %*% d1_d2  )
        phi<-seq(from=0,to=50) ; phi<- (phi * faktor)
        phi<- phi * (pi / 50) + phi_anf
        x<- mitte[1] + radius * cos(phi)
        y<- mitte[2] + radius * sin(phi)
        #lines(x,y,"l" ,xlim=c(-10,10), ylim=c(-
10,10),xlab="",ylab="",lwd=Breite,lty=LinTyp,col=color)
        lines(x,y,"l",lwd=Breite,lty=LinTyp,col=color)
        }


# pl_dreieck zeichnet ein Dreieck mit den Ecken a,b,c
pl_dreieck <- function (a,b,c, Breite=1,LinTyp=1,color="black") {
        x<-c(a[1],b[1],c[1],a[1])
        y<-c(a[2],b[2],c[2],a[2])
        lines(x,y,lwd=Breite,lty=LinTyp,col=color)
        }


# pl_tang zeichnet Tangente in Punkt P eines Kreises um Mittelpunkt M
pl_tang <- function (P,M, Breite=1,LinTyp=1,color="black") {
        # Tagente ist senkrecht zu PM
        puf <- normiert(M-P)
        puf<- vek_senkr(puf)
        ende1 <- P + 3 * puf
        ende2 <- P - 3 * puf
        x<-c(ende1[1],ende2[1])
        y<-c(ende1[2],ende2[2])
        lines(x,y,lwd=Breite,lty=LinTyp,col=color)
        }


# Punkte an Position (x,y) durch Buchstaben markieren
# das Zeichen in "." setzen!
pl_punkt<-function(PosVektor,zeichen) {
        points(PosVektor[1],PosVektor[2],pch=zeichen)
        }


# Linien (unterschiedlichen Stils) zwischen je 2 Punkten ziehen
# nur die beiden Punkte A,B müssen angegeben werden, Attribute sind optional / mit
# Default-Werten vorbelegt
pl_line<- function(A,B, Breite=1,LinTyp=1,color="black") {
        x<-c(A[1],B[1])
        y<-c(A[2],B[2])
        #lty=1 durchgezogene Linie, =2 lang gestrichelt, =3 kurz gestrichelt, =4 strichpunktiert,
        #lty=5 sehr lang gestrichelt, =6 kurz-lang, =7 wie 1 durchgezogene Linie
        #lwd= Breite der Linie = 1 ...
        #col="Farbe", "red", "blue", "black", "yellow", "green", "orange",
        lines(x,y,lwd=Breite,lty=LinTyp,col=color)
        }
#pl_line(fp,I)


# rechten Winkel am mittlerem von 3 Punkten des Winkels markieren
pl_rechtWink <- function(A,B,C) {
        abn <- normiert(B-A)
        bcn <- normiert(C-B)
        faktor <- 0.7
        A2 <- B- faktor*abn
        C2 <- B+ faktor*bcn
        AC2 <- C2- faktor*abn
        pl_line(A2,AC2)
        pl_line(AC2,C2)
        } # Ende von pl_rechtWink()


# pl_bild1 berechnet und zeichnet Bild1
pl_bild1 <- function (A,B,C) {
        #png(filename = "Rplot%03d.png")
        # Nichts "n" drucken, um den Rahmen festzulegen
```

21

```
plot(c(0,0),c(0,0),"n" ,xlim=c(-10,10), ylim=c(-10,10),axes=FALSE,xlab="",ylab="")

# Umkreis berechnen und zeichnen
mac <- mabc(A,B,C)
rum <- r_umkr(A,B,C)
pl_kreis(mac,rum)
pl_punkt(mac+c(-0.5,0),"O")

# Inkreis berechnen und zeichnen
puffer <- inkreis(A,B,C)
I<-puffer[1:2]
pl_punkt(I+c(0.5,0),"i")
ai<-puffer[3]   # Länge AI
wink<-winkel(A,B,C)
irad<-i_radius(ai,wink[1])
pl_kreis(I,irad)

# Radius für Umkreis zeichnen und mit "R" beschriften
pl_line(mac, mac + rum* c(cos(pi/4),sin(pi/4) ) )
pl_punkt(mac+ rum* c(cos(pi/4)*0.6, sin(pi/4)*0.6 )+c(0,.7),"R")

# Radius für Innenkreis zeichnen und mit "r" beschriften
pl_line(I,I+ irad * c(cos(3* pi/4),sin(3* pi/4)) )
pl_punkt(I+ irad* c( cos(3*pi/4)*0.6, sin(3*pi/4)*0.6) +c(0,-0.7),"r" )

# Dreieck zeichnen und beschriften
pl_dreieck(A,B,C)
pl_punkt(A+c(-1,0),"A")
pl_punkt(B+c(1,0),"B")
pl_punkt(C+c(0,1),"C")

# Bogenmitten berechnen und beschriften
arcmit<-bomittel(A,B,C)
L<-arcmit[1:2]
M<-arcmit[3:4]
N<-arcmit[5:6]
pl_punkt(L+c(1,0),"L")
pl_punkt(M+c(-1,0),"M")
pl_punkt(N+c(0,-1),"N")

#dev.off()
} # Ende von pl_bild1()


# pl_bild2 berechnet und zeichnet Bild2
pl_bild2 <- function (A,B,C) {
#png(filename = "Rplot%03d.png")
# Nichts "n" drucken, um den Rahmen festzulegen
plot(c(0,0),c(0,0),"n" ,xlim=c(-10,10), ylim=c(-10,10),axes=FALSE,xlab="",ylab="")

mac <- mabc(A,B,C)
rum <- r_umkr(A,B,C)
pl_kreis(mac,rum)
pl_dreieck(A,B,C,2)
pl_tang(A,mac)

# Punkt D auf Bogen unter Sehne AB, z.B. senkrecht unter dem Umkreismittelpunkt
D<-c(mac[1],mac[2]-rum)
pl_punkt(D+c(0,-1),"D")

# Punkte beschriften
pl_punkt(mac+c(0.5,0.5),"O")
pl_punkt(A+c(-1,0),"A")
pl_punkt(B+c(1,0),"B")
pl_punkt(C+c(0,1),"C")

# Linien zwischen je 2 Punkten ziehen
pl_line(mac,A)
pl_line(mac,B)
pl_line(mac,C)
pl_line(mac,D)
pl_line(A,D,1,2)
pl_line(B,D,1,2)

# Beschriftungen, z.B. griechische Winkelnamen, anbringen
text(C[1],C[2]-1.5,expression(epsilon) )
text(C[1]+1.1,C[2]-2,expression(eta) )
text(A[1]+1.5,A[2]+1,expression(epsilon) )
text(A[1]+3.1,A[2]+.1,expression(theta) )
text(A[1]+2.5,A[2]-1,expression(rho) )
text(A[1]+0.4,A[2]+2,expression(tau) )
```

```
                    text(A[1]+1.3,A[2]-2,expression(phi) )
                    text(B[1]-3.0,B[2]+1.4,expression(theta) )
                    text(B[1]-2.5,B[2]+2.5,expression(eta) )
                    text(B[1]-2.5,B[2]-0.5,expression(pi) )
                    text(D[1]-0.5,D[2]+1.5,expression(kappa) )
                    text(D[1]+0.5,D[2]+1.5,expression(lambda) )
                    text(mac[1]-0.4,mac[2]-0.9,expression(chi) )
                    text(mac[1]+0.5,mac[2]-1,expression(psi) )
                    #dev.off()
                    } # Ende von pl_bild2


# pl_bild3 berechnet und zeichnet Bild3
pl_bild3 <- function (A,B,C) {
                    png(filename = "Rplot%03d.png")
                    # Nichts "n" drucken, um den Rahmen festzulegen
                    plot(c(0,0),c(0,0),"n" ,xlim=c(-10,10), ylim=c(-10,10),axes=FALSE,xlab="",ylab="")

                    mac <- mabc(A,B,C)
                    rum <- r_umkr(A,B,C)
                    pl_kreis(mac,rum)
                    pl_dreieck(A,B,C,3)

                    # Punkte beschriften
                    pl_punkt(A+c(-1,0),"A")
                    pl_punkt(B+c(1,0),"B")
                    pl_punkt(C+c(0,1),"C")

                    # Inkreismittelpunkt als Schnittpunkt der Winkelhalbierenden berechnen und einzeichnen
                    puffer <- inkreis(A,B,C)
                    I<-puffer[1:2]
                    pl_punkt(I+c(1.0,0),"I")

                    # Bogenmitten berechnen und beschriften
                    arcmit<-bomittel(A,B,C)
                    L<-arcmit[1:2]
                    M<-arcmit[3:4]
                    N<-arcmit[5:6]
                    pl_punkt(L+c(1,0),"L")
                    pl_punkt(M+c(-1,0),"M")
                    pl_punkt(N+c(0,-1),"N")

                    # Tangenten an alle Punkte auf dem Umkreis anlegen
                    pl_tang(A,mac)
                    pl_tang(B,mac)
                    pl_tang(C,mac)
                    pl_tang(L,mac)
                    pl_tang(M,mac)
                    pl_tang(N,mac)

                    # Linien zwischen je 2 benachbarten Punkten auf dem Umkreis ziehen
                    # Sehnen mit gleichgroßen Peripheriewinkeln in gleicher Farbe (diese Sehenen sind auch
                    # jeweils gleichlang
                            # Peripheriewinkel = alpha/2
                            pl_line(L,B,4,3,"red")
                            pl_line(L,C,4,6,"red")
                    # Peripheriewinkel = beta/2
                    pl_line(M,A,4,3,"blue")
                    pl_line(M,C,4,6,"blue")
                            # Peripheriewinkel = gamma/2
                            pl_line(N,A,4,3,"green")
                            pl_line(N,B,4,6,"green")

                    # Linien zwischen Bogenmittelpunkt L,M,N und gegenüberliegender Dreiecksecke A,B,C
                    # dies sind die Winkelhalbierenden (, die sich im Inkeismittelpunkt schneiden)
                    pl_line(L,A,1,2)
                    pl_line(M,B,1,2)
                    pl_line(N,C,1,2)

                    # Linien zwischen den Bogenmittelpunkten ergeben Dreieck LMN
                    pl_line(L,N,2,1,"blue")
                    pl_line(M,N,2,1,"red")
                    pl_line(M,L,2,1,"green")

                    # Winkelhalbierende von Dreieck ABC sind Höhen von Dreieck LMN, Höhenfusspunkte D,E,F der
                    # Lote von I auf Seiten von Dreieck LMN berechnen und mit rechten Winkeln einzeichnen
                    fp_ml<- fusspunkt(I,M,L)
                    pl_punkt(fp_ml+c(0.5,-0.4), "D")
                    pl_rechtWink(M,fp_ml,I)

                    fp_ln<- fusspunkt(I,L,N)
```

23

```
        pl_punkt(fp_ln+c(-0.1,0.7), "E")
        pl_rechtWink(N,fp_ln,I)

        fp_mn<- fusspunkt(I,M,N)
        pl_punkt(fp_mn+c(0.3,0.7), "F")
        pl_rechtWink(N,fp_mn,I)

        # Beschriftungen, z.B. griechische Winkelnamen, anbringen,
        # Winkel und zugehörige Sehne in jeweils gleicher Farbe: grün=gamma/2, rot=alpha/2,
blau=beta/2
        text(C[1]-0.5,C[2]-2.5, cex=0.9, col="green", expression(gamma/2) )
        text(C[1]+1.1,C[2]-2.5, cex=0.9, col="green", expression(gamma/2) )
        text(C[1]+2.3,C[2]-1.6, cex=0.9, col="red", expression(alpha/2) )
        text(C[1]+3.1,C[2]+0.1, cex=0.9, col="red", expression(alpha/2) )
        text(C[1]-1.3,C[2]-1.8, cex=0.7, col="blue", expression(beta/2) )
        text(C[1]-2.6,C[2]-1.1, cex=0.7, col="blue", expression(beta/2) )

        text(A[1]+1.5,A[2]+1.2, cex=0.9, col="red", expression(alpha/2) )
        text(A[1]+2.2,A[2]+0.2, cex=0.9, col="red", expression(alpha/2) )
        text(A[1]+2.9,A[2]-1.5, cex=0.9, col="green", expression(gamma/2) )
        text(A[1]+1.8,A[2]-3.0, cex=0.9, col="green", expression(gamma/2) )
        text(A[1]+0.8,A[2]+2.8, cex=0.7, col="blue", expression(beta/2) )
        text(A[1]-1.0,A[2]+2.0, cex=0.7, col="blue", expression(beta/2) )

        text(B[1]-3.4,B[2]+1.4, cex=0.7, col="blue", expression(beta/2) )
        text(B[1]-2.9,B[2]+2.7, cex=0.7, col="blue", expression(beta/2) )
        text(B[1]-2.8,B[2]-0.2, cex=0.9, col="green", expression(gamma/2) )
        text(B[1]-2.8,B[2]-2.2, cex=0.9, col="green", expression(gamma/2) )
        text(B[1]-0.9,B[2]+3.0, cex=0.9, col="red", expression(alpha/2) )
        text(B[1]+0.9,B[2]+3.0, cex=0.9, col="red", expression(alpha/2) )

        text(N[1]-0.9,N[2]+4.0, cex=0.7, col="blue", expression(beta/2) )
        text(N[1]-2.7,N[2]+3.9, cex=0.7, col="blue", expression(beta/2) )
        text(N[1]+0.8,N[2]+2.9, cex=0.9, col="red", expression(alpha/2) )
        text(N[1]+2.8,N[2]+2.5, cex=0.9, col="red", expression(alpha/2) )
        text(N[1]-2.1,N[2]+1.2, cex=0.9, col="green", expression(gamma/2) )
        text(N[1]+2.5,N[2]+0.5, cex=0.9, col="green", expression(gamma/2) )

        text(M[1]+2.3,M[2]+1.0, cex=0.9, col="red", expression(alpha/2) )
        text(M[1]+1.6,M[2]-0.2, cex=0.9, col="red", expression(alpha/2) )
        text(M[1]+1.1,M[2]-1.2, cex=0.9, col="green", expression(gamma/2) )
        text(M[1]+0.4,M[2]-2.2, cex=0.9, col="green", expression(gamma/2) )
        text(M[1]-1.6,M[2]-1.6, cex=0.7, col="blue", expression(beta/2) )
        text(M[1]+0.2,M[2]+1.5, cex=0.7, col="blue", expression(beta/2) )

        text(L[1]-1.7,L[2]+1.4, cex=0.9, col="red", expression(alpha/2) )
        text(L[1]+1.0,L[2]-2.8, cex=0.9, col="red", expression(alpha/2) )
        text(L[1]-3.3,L[2]+0.4, cex=0.7, col="blue", expression(beta/2) )
        text(L[1]-3.3,L[2]-0.8, cex=0.7, col="blue", expression(beta/2) )
        text(L[1]-2.0,L[2]-2.0, cex=0.9, col="green", expression(gamma/2) )
        text(L[1]-0.6,L[2]-2.8, cex=0.9, col="green", expression(gamma/2) )

        dev.off()
        } # Ende von pl_bild3


# pl_bild4 berechnet und zeichnet Bild4
pl_bild4 <- function (A,B,C) {
        png(filename = "Rplot%03d.png")
        # Nichts "n" drucken, um den Rahmen festzulegen
        plot(c(0,0),c(0,0),"n" ,xlim=c(-10,10), ylim=c(-10,10),axes=FALSE,xlab="",ylab="")

        # Inkreis berechnen und zeichnen
        puffer <- inkreis(A,B,C)
        I<-puffer[1:2]
        pl_punkt(I+c(0.5,0),"I")
        ai<-puffer[3]    # Länge AI
        wink<-winkel(A,B,C)
        irad<-i_radius(ai,wink[1])
        pl_kreis(I,irad)

        # Radien von Mittelpunkt I zu den Fußpunkten auf AB und auf AC zeichnen
        fp_ab <- fusspunkt(I,A,B)
        pl_line(I,fp_ab)
        pl_punkt(fp_ab +c(0,-0.6),"Q" )
        pl_rechtWink(A,fp_ab,I)   # rechte Winkel an den Lot-Fusspunkten markieren

        fp_ac <- fusspunkt(I,A,C)
        pl_line(I,fp_ac)
        pl_punkt(fp_ac +c(-0.5,+0.4),"T" )
        pl_rechtWink(A,fp_ac,I)   # rechte Winkel an den Lot-Fusspunkten markieren
```

```
        fp_bc <- fusspunkt(I,B,C)
        pl_line(I,fp_bc)
        pl_punkt(fp_bc +c(0.7,+0.1),"P" )
        pl_rechtWink(B,fp_bc,I)    # rechte Winkel an den Lot-Fusspunkten markieren

        # Inkreis-Radien mit "r" beschriften
        pl_punkt(I+ 0.5*(fp_ac -I) +c(0,+0.7),"r" )
        pl_punkt(I+ 0.5*(fp_ab -I) +c(0.4,0),"r" )
        pl_punkt(I+ 0.5*(fp_bc -I) +c(0.4,-0.3),"r" )

        # Winkel CAB zeichnen und beschriften
        pl_line(C,A,2)
        pl_line(A,B,2)
        pl_line(B,C,1,2)
        pl_punkt(A+c(-0.5,0),"A")
        pl_punkt(B+c(0.5,0),"B")
        pl_punkt(C+c(0,0.5),"C")

        # Winkelhalbierende durch Ecke A zeichnen
        pl_line(A,I,1,2)
        text(A[1]+1.5,A[2]+1.2, cex=0.8, expression(alpha/2) )
        text(A[1]+2.2,A[2]+0.2, cex=0.8, expression(alpha/2) )

        dev.off()
        } # Ende von pl_bild4()


# pl_bild5 berechnet und zeichnet Bild5
pl_bild5 <- function (A,B,C) {
        #png(filename = "Rplot%03d.png")
        # Nichts "n" drucken, um den Rahmen festzulegen
        plot(c(0,0),c(0,0),"n" ,xlim=c(-10,10), ylim=c(-10,10),axes=FALSE,xlab="",ylab="")

        # Umkreis berechnen und zeichnen
        mac <- mabc(A,B,C)
        rum <- r_umkr(A,B,C)
        pl_kreis(mac,rum)
        #pl_punkt(mac+c(-0.5,0),"M")

        # Punkt P irgendwo auf AB plazieren und beschriften, Zentri-Winkel beschriften
        # 0<f<1, P bei A: f=0, P bei B: f=1
        f=0.5; P=A + f*(B - A)
        pl_punkt(P+c(-0.9,1.1),"P")
        pl_punkt(P+c(0.7,0.9),"1")
        pl_punkt(P+c(-0.7,-0.6),"1")

        # Punkt D auf Verlängerung von CP ermitteln und beschriften
        # nach Sekantensatz gilt: p(P,Kreis)= PA*PB = PC*PD ==> PD=(PA * PB) / PC
        powP<-sqrt( (t(A-P)%*%(A-P)) * (t(B-P)%*%(B-P)) )
        PD<-powP / sqrt( t(C-P)%*%(C-P) )
        D<-P+ PD * normiert(P-C)

        # alle Winkel über einer Sehne sind gleich (Peripheriewinkelsatz)
        # über Sehne AC ist der Winkel Nr. 2 bei D und bei B
        pl_punkt(D+c(-0.7,1.5),"2")
        pl_punkt(B+c(-1.5,0.8),"2")
        # über Sehne BD ist der Winkel Nr. 3 bei A und bei C
        pl_punkt(A+c(1.9,-0.8),"3")
        pl_punkt(C+c(0.9,-1.9),"3")

        # Sehnen AB und CD für den Sehnensatz zeichnen und beschriften
        pl_line(A,P,4,1,"blue")
        pl_line(P,B,4,2,"red")
        pl_line(C,P,4,2,"blue")
        pl_line(P,D,4,1,"red")
        pl_punkt(A+c(-1,0),"A")
        pl_punkt(B+c(1,0),"B")
        pl_punkt(D+c(-0.5,-1.0),"D")
        pl_punkt(C+c(0.0,1.1),"C")

        # Sehnen AD, CB zu ähnlichen Dreiecken APD und CPB ergänzen
        pl_line(A,D,4,1,"green")
        pl_line(C,B,4,2,"green")

        # Sehnen AC, BD als Hilflinien für Peripheriewinkelsatz einzeichnen
        pl_line(A,C,1,3)
        pl_line(B,D,1,3)

        #dev.off()
        } # Ende von pl_bild5()
```

```
# pl_bild6() zeichnet Bild 6 = Invertierung eines Punktes am Kreis
pl_bild6<-function(P,r) {
        png(filename = "Rplot%03d.png")
        # Nichts "n" drucken, um den Rahmen festzulegen
        plot(c(0,0),c(0,0),"n" ,xlim=c(-10,10), ylim=c(-10,10),axes=FALSE,xlab="",ylab="")

        pl_kreis(P,r,1,2)
        pl_punkt(P+c(0,0.6),"P")
        Astr <-  invAmKreis(A,P,r)
        B <- A + 0.5 * (P-A)
        Bstr <- invAmKreis(B,P,r)
        pl_line(B,Bstr)
        pl_line(A,B,3)                    # AB wird abgebildet auf
        pl_line(Astr,Bstr,3,1,"red")   # A'B'
        pl_punkt(A+c(0,0.8),"A")
        pl_punkt(B+c(0,0.8),"B")
        text(Astr[1],Astr[2]+0.8, cex=1.0, "A'" )
        text(Bstr[1],Bstr[2]+0.8, cex=1.0, "B'" )

        dev.off()
        } # Ende von pl_bild6()


# pl_bild6b() zeichnet Bild 6b = geometr. Invertierung eines Punktes am Kreis
pl_bild6b<-function(P,r) {
        png(filename = "Rplot%03d.png")
        # Nichts "n" drucken, um den Rahmen festzulegen
        plot(c(0,0),c(0,0),"n" ,xlim=c(-10,10), ylim=c(-10,10),axes=FALSE,xlab="",ylab="")

        pl_kreis(P,r,1,2)                  # Kreis, an dem invertiert wird
        pl_punkt(P+c(-0.2,-0.5),"P")# Mittelp. des Kreises, an dem invertiert wird
        A <- P + 5 * c(2,1)               # Originalpunkt
        pl_punkt(A+c(0.4,0.1),"A")
        M_Thales <- (A + P)* 0.5     # Mittelpunkt vom Thaleskreis über PA
        pl_punkt(M_Thales+c(0,0.5),"M")
        r_Thales <- sqrt( t(M_Thales - A) %*% (M_Thales -A) )  # Länge MA=PM
        pl_kreis(M_Thales,r_Thales,1,3)
        P_Astr <- r^2 / (2* r_Thales)             # Länge PA' = r^2 / PA
        Astr <- P + P_Astr  * normiert(A-P) # Bild von A; Fußpunkt d. Höhe
        text(Astr[1]+0.2,Astr[2]-0.5, cex=1.0, "A'" )

        normale_PA = normiert( vek_senkr(A-P) ) # Einheitsvektor in Richtung der Höhe über PA
        hoehe <- sqrt( r^2 - P_Astr^2 )
        C<- Astr + hoehe * normale_PA # Schnittp. Thales- und Invertierungs-Kreis = Tangentenp.
        pl_punkt(C+c(-0.1,0.6),"C")
        pl_line(Astr,C,1,2)
        pl_dreieck(P,A,C,3)

        pl_rechtWink(A,Astr,C)        # rechten Winkel einzeichnen
        pl_rechtWink(A,C,P)           # rechten Winkel einzeichnen

        dev.off()
        } # Ende von pl_bild6b()


# pl_bild7() zeichnet Bild 7 = Invertierung einer Geraden am Kreis
pl_bild7<-function(P,r) {
        png(filename = "Rplot%03d.png")
        # Nichts "n" drucken, um den Rahmen festzulegen
        plot(c(0,0),c(0,0),"n" ,xlim=c(-10,10), ylim=c(-10,10),axes=FALSE,xlab="",ylab="")

        # Kreis, an dem invertiert wird, gestrichelt zeichnen
        pl_kreis(P,r,1,2)
        pl_punkt(P,"P")

        # A-Punkte (und ein B-Punkt) auf einer Geraden als abzubildende Menge ermitteln
        # Anfangspunkt A0, Endpunkt A100
        A0<- c(-5,-3)
        A100 <-c(7,12)
        pl_punkt(A0+c(0,-0.5),"A")
        pl_line(A0,A100,4)
        A0A100 <-A100-A0;
        B <- A0 + 5* normiert(A100 - A0)
        pl_punkt(B+c(0,-0.5),"B")
        delta<-A0A100 / 100
        i<- 0:100
        x<- A0[1] + i * delta[1]
        y<- A0[2] + i * delta[2]
        # Punktmenge bilden als Matrix mit 2 Spalten und 101 Zeilen; 1. Zeile = 1. Punkt
```

26

```
            # 2. Zeile = 2. Punkt, ...
            A_s<-matrix ( c(x,y), nrow=101, ncol=2, byrow=FALSE)

            # Invertierung der A in A'-Punkte (und von B in B')
            # leeren Vektor mit 202 Elementen erzeugen
            filler<-numeric(202)
            # und damit eine Matrix mit 101 Zeilen und 2 Spalten füllen
            Astr_s<-matrix ( filler, nrow=101, ncol=2)
            for (i in 1:101) {
                    Astr_s[i,]<-invAmKreis(A_s[i,],P,r)
                    }
            x<-Astr_s[,1]; y<-Astr_s[,2]
            Astr<-c(x[1],y[1]); text(Astr[1]+0.5,Astr[2]+0.0, cex=1.0, "A'" )
            lines(x,y,"l", lty=3, lwd=4, col="red")
            Bstr <- invAmKreis(B,P,r); text(Bstr[1]+0.5,Bstr[2]+0.0, cex=1.0, "B'" )

            dev.off()
            } # Ende von pl_bild7()


# pl_bild7b() zeichnet Bild 7b = Invertierung einer Tangente am Kreis mit Radius r
pl_bild7b<-function(r) {
            png(filename = "Rplot%03d.png")
            # Nichts "n" drucken, um den Rahmen festzulegen
            plot(c(0,0),c(0,0),"n" ,xlim=c(-10,10), ylim=c(-10,12),axes=FALSE,xlab="",ylab="")

            # A-Punkte (und einen B-Punkt) auf einer Geraden als abzubildende Menge ermitteln
            # Anfangspunkt A0, Endpunkt A100
            A0<- c(-5,-3)
            A100 <-c(7,12)

            # Kreis, an dem invertiert wird, gestrichelt zeichnen
            normale <- normiert( vek_senkr(A100 - A0) )
            fp <- A0 + 6 * normiert(A100 - A0)      # Fusspunkt für die Normale
            B<- fp
            P <- fp + r * normale
            pl_kreis(P,r,1,2)
            pl_punkt(P,"P")
            text(B[1]+0.5,B[2]-0.5, cex=0.8, "B" )
            Bstr <- invAmKreis(B,P,r)
            text(Bstr[1]-0.1,Bstr[2]+0.5, cex=0.8, "B'" )

            pl_punkt(A0+c(0,-0.5),"A")
            pl_line(A0,A100,4)
            A0A100 <-A100-A0; delta<-A0A100 / 100
            i<- 0:100
            x<- A0[1] + i * delta[1]
            y<- A0[2] + i * delta[2]
            # Punktmenge bilden als Matrix mit 2 Spalten und 101 Zeilen; 1. Zeile = 1. Punkt
            # 2. Zeile = 2. Punkt, ...
            A_s<-matrix ( c(x,y), nrow=101, ncol=2, byrow=FALSE)

            # Invertierung in A'-Punkte
            # leeren Vektor mit 202 Elementen erzeugen
            filler<-numeric(202)
            # und damit eine Matrix mit 101 Zeilen und 2 Spalten füllen
            Astr_s<-matrix ( filler, nrow=101, ncol=2)
            for (i in 1:101) {
                    Astr_s[i,]<-invAmKreis(A_s[i,],P,r)
                    }
            x<-Astr_s[,1]; y<-Astr_s[,2]
            Astr<-c(x[1],y[1]); text(Astr[1]-0.6,Astr[2]+0.0, cex=0.8, "A'" )
            lines(x,y,"l", lty=3, lwd=4, col="red")

            dev.off()
            } # Ende von pl_bild7b()


# pl_bild8() zeichnet Bild 8 = Invertierung eines Kreises am Kreis
pl_bild8<-function(P,r) {
            png(filename = "Rplot%03d.png")
            # Nichts "n" drucken, um den Rahmen festzulegen
            plot(c(0,0),c(0,0),"n" ,xlim=c(-10,10), ylim=c(-10,10),axes=FALSE,xlab="",ylab="")

            # Kreis, an dem invertiert wird, zeichnen
            pl_kreis(P,r,1,2)
            pl_punkt(P,"P")

            # A- u. B-Punkte auf einem Kreis als abzubildende Menge ermitteln (M=Mittelp., R=Radius)
            M<-c(-3,-3)
            R<-2
```

```r
        # Vektor phi mit 101 Winkelwerten von 0 bis 2 Pi belegen
        phi<-seq(from=0,to=100)
        phi<- phi * (pi / 50)
        # Vektor mit x- (x1)-Werten der Punkte
        x<- M[1] + R * cos(phi)
        # Vektor mit y- (x2)-Werten der Punkte
        y<- M[2] + R * sin(phi)
        A<-c(x[1],y[1]); pl_punkt(A+c(0.5,0),"A")
        a<-pi /4 ; B<- M + R * c(cos(a), sin(a)); text(B[1],B[2]+0.9, cex=1.0, "B" )

        # Linienzug von (x[1],y[1]) nach (x[2],y[2]) nach (x[3],y[3]) nach ...
        lines(x,y,"l",lwd=3)
        # Punktmenge bilden als Matrix mit 2 Spalten und 101 Zeilen; 1. Zeile = 1. Punkt
        # 2. Zeile = 2. Punkt, ...
        A_s<-matrix ( c(x,y), nrow=101, ncol=2, byrow=FALSE)

        # Invertierung in A'-, B'-Punkte
        # leeren Vektor mit 202 Elementen erzeugen
        filler<-numeric(202)
        # und damit eine Matrix mit 101 Zeilen und 2 Spalten füllen
        Astr_s<-matrix ( filler, nrow=101, ncol=2)
        for (i in 1:101) {
                Astr_s[i,]<-invAmKreis(A_s[i,],P,r)
                }
        x<-Astr_s[,1]; y<-Astr_s[,2]
        Astr<-c(x[1],y[1]); text(Astr[1]-0.6,Astr[2]+0.1, cex=1.0, "A'" )
        Bstr <- invAmKreis(B,P,r); text(Bstr[1],Bstr[2]+0.9, cex=1.0, "B'" )
        lines(x,y,"l", lty=3, lwd=4, col="red")

        dev.off()
        } # Ende von pl_bild8()


# pl_bild9() zeichnet Bild 9 = Dreieck mit Höhen für Sinussatz
pl_bild9<-function(A,B,C) {
        png(filename = "Rplot%03d.png")
        # Nichts "n" drucken, um den Rahmen festzulegen
        plot(c(0,0),c(0,0),"n" ,xlim=c(-10,10), ylim=c(-10,10),axes=FALSE,xlab="",ylab="")

        pl_dreieck(A,B,C,2,1)
        pl_punkt(A+c(-0.6,0.0),"A")
        pl_punkt(B+c(0.6,0.0),"B")
        pl_punkt(C+c(0,0.9),"C")

        # Höhenschnittpunkt ermitteln
        hs<- sabc(A,B,C)
        # Fußpunkte der Lote vom Höhenschnittpunkt auf die Dreiecksseiten ermitteln
        fp_ac <-fusspunkt(hs,A,C)
        fp_ab <-fusspunkt(hs,A,B)
        fp_bc <-fusspunkt(hs,B,C)
        # an Fusspunkten rechte Winkel markieren
        pl_rechtWink(C ,fp_ac,B)
        pl_rechtWink(B ,fp_ab,C)
        pl_rechtWink(B ,fp_bc,A)
        # Höhen einzeichnen (fast) von Dreiecks-Ecke bis Fußpunkt auf einer Seite
        pl_line(C+ 0.15*(fp_ab - C), fp_ab)
        pl_line(B+ 0.15*(fp_ac - B), fp_ac)
        pl_line(A+ 0.15*(fp_bc - A), fp_bc)

        # Seiten nahe Fusspunkt der Höhe beschriften
        pl_punkt(fp_ab +c(0.0,-0.9),"c")
        pl_punkt(fp_ac +c(-0.6,0.6),"b")
        pl_punkt(fp_bc +c(0.6,0.6),"a")

        # Winkel beschriften
        text(A[1]+1.0,A[2]+0.6, cex=1.0, col="black", expression(alpha) )
        text(B[1]-1.5,B[2]+1.1, cex=1.0, col="black", expression(beta) )
        text(C[1]+0.0,C[2]-1.2, cex=1.0, col="black", expression(gamma) )

        dev.off()
        } # Ende von pl_bild9()


# pl_bild10() zeichnet Bild 10 = Dreieck mit Höhen für Sinussatz
pl_bild10<-function(A,B,C) {
        png(filename = "Rplot%03d.png")
        # Nichts "n" drucken, um den Rahmen festzulegen
        plot(c(0,0),c(0,0),"n" ,xlim=c(-10,10), ylim=c(-10,10),axes=FALSE,xlab="",ylab="")

        pl_dreieck(A,B,C,3,1)
        pl_punkt(A+c(-0.6,0.0),"A")
```

```
    pl_punkt(B+c(0.6,0.0),"B")
    pl_punkt(C+c(0,0.9),"C")

    # Umkreismittelpunkt M ermitteln
    O<- mabc(A,B,C)
    pl_punkt(O+c(0.3,0.9),"O")

    # Fußpunkt des Lotes vom Umkreismittelpunkt auf die Dreiecksseiten AB ermitteln
    fp_ab <-fusspunkt(O,A,B)
    pl_punkt(fp_ab +c(0.0,-0.9),"c")
    pl_rechtWink(A,fp_ab,O)   # rechten Winkel am Fusspunkt markieren

    # kleines rechtwinkliges Dreies M,A,fp_ab zeichnen
    pl_line(O,fp_ab,2)
    pl_line(A,O,2); pl_punkt(A + 0.5*(O-A) +c(0,1),"R")
    pl_line(B,O,1,2)
    pl_line(O, O + 0.8 *(C-O), 1,2)

    # Winkel beschriften
    text(O[1]-1.0,O[2]-1.1, cex=1.0, col="black", expression(gamma) )
    text(O[1]+0.9,O[2]-1.5, cex=1.0, col="black", expression(gamma) )
    text(C[1]+0.3,C[2]-1.2, cex=1.0, col="black", expression(gamma) )

    dev.off()
    } # Ende von pl_bild10()


# pl_bild11 für den klassischen Beweis der Euler-formel in Bild 11
pl_bild11 <- function (A,B,C) {
    png(filename = "Rplot%03d.png")
    # Nichts "n" drucken, um den Rahmen festzulegen
    plot(c(0,0),c(0,0),"n" ,xlim=c(-10,10), ylim=c(-10,10),axes=FALSE,xlab="",ylab="")

    mac <- mabc(A,B,C)    # Umkreismittelpunkt
    rum <- r_umkr(A,B,C) # Umkreisradius
    pl_kreis(mac,rum)
    pl_dreieck(A,B,C,4)
    pl_punkt(mac+c(0.5,0.2),"O")   # Umkreismittelpunkt

    # Dreieckecken beschriften
    pl_punkt(A+c(-0.6,0),"A")
    pl_punkt(B+c(0.6,0),"B")
    pl_punkt(C+c(0,0.8),"C")

    # Inkreismittelpunkt I als Schnittpunkt der Winkelhalbierenden berechnen und einzeichnen
    puffer <- inkreis(A,B,C)
    I<-puffer[1:2]
    pl_punkt(I+c(0.2,0.7),"I")

    # Sehne durch I und O berührt Umkreis in X und Y
    X<- mac + (rum * normiert(mac-I) )
    pl_punkt(X+c(0.5,-0.5),"X")
    Y<- mac + (rum * normiert(I-mac) )
    pl_punkt(Y+c(-0.5,0.5),"Y")
    pl_line(X,mac,1,2)
    pl_line(mac,I,3,1,"magenta")
    pl_line(I,Y,1,2)

    # Lot von Inkreismittelpunkt I auf AC mit Fußpunkt P (und Radius r) berechnen
    P<-fusspunkt(I,A,C)
    pl_line(I,P,2)
    pl_punkt(P+c(-0.5,0),"P")
    pl_punkt(I+ 0.5 *(P-I) +c(-0.5,-0.3),"r")
    pl_rechtWink(I,P,A)   # rechten Winkel bei P markieren

    # Bogenmitte L berechnen und beschriften
    arcmit<-bomittel(A,B,C)
    L<-arcmit[1:2]
    pl_punkt(L+c(0.8,0),"L")

    # Linien zwischen je 2 benachbarten Punkten auf dem Umkreis ziehen
    pl_line(L,C,4,6,"red")

    # Linie zwischen Bogenmittelpunkt L und gegenüberliegender Dreiecksecke A
    # Winkelhalbierende, auf der sich der Inkeismittelpunkt I befindet
    pl_line(L,I,4,6,"red")
    pl_line(I,A,2)

    # Beschriftungen, z.B. griechische Winkelnamen, anbringen,
    text(A[1]+1.6,A[2]+1.4, cex=0.9, col="red", expression(alpha/2) )
```

```
        dev.off()
        } # Ende von pl_bild11


# pl_bild12 berechnet und zeichnet Bild12 - Inversion von Dreieck ABC am Inkreis
pl_bild12 <- function (A,B,C) {
        png(filename = "Rplot%03d.png")
        # Nichts "n" drucken, um den Rahmen festzulegen
        plot(c(0,0),c(0,0),"n" ,xlim=c(-10,10), ylim=c(-10,10),axes=FALSE,xlab="",ylab="")

        # Dreieck Zeichnen und beschriften
        pl_line(A,B,3,1,"red")
        pl_line(B,C,3,1,"blue")
        pl_line(C,A,3,1,"yellow")
        pl_punkt(A+c(-0.5,0),"A")
        pl_punkt(B+c(0.5,0),"B")
        pl_punkt(C+c(0,0.5),"C")

        # Inkreis berechnen und zeichnen
        puffer <- inkreis(A,B,C)
        I<-puffer[1:2]
        pl_punkt(I+c(0.5,0),"I")
        ai<-puffer[3]    # Länge AI
        wink<-winkel(A,B,C)
        irad<-i_radius(ai,wink[1])
        pl_kreis(I,irad,1,2)

        # Radien von Mittelpunkt I zu den Fußpunkten auf AB und auf AC zeichnen
        fp_ab <- fusspunkt(I,A,B)
        Q <- fp_ab
        pl_line(I,Q,1,2)
        pl_punkt(Q +c(0,-0.6),"Q" )
        pl_rechtWink(A,Q,I)    # rechte Winkel an den Lot-Fusspunkt Q markieren

        fp_ac <- fusspunkt(I,A,C)
        T<- fp_ac
        pl_line(I,T,1,2)
        pl_punkt(T +c(-0.5,+0.4),"T" )
        pl_rechtWink(A,T,I)    # rechte Winkel an den Lot-Fusspunkt T markieren

        fp_bc <- fusspunkt(I,B,C)
        P <- fp_bc
        pl_line(I,P,1,2)
        pl_punkt(P +c(0.8,+0.1),"P" )
        pl_rechtWink(B,P,I)    # rechte Winkel an den Lot-Fusspunkt P markieren

        # Inkreis-Radien mit "r" beschriften
        #pl_punkt(I+ 0.5*(P -I) +c(0,+0.7),"r" )
        mBC <- I + 0.5 * (P-I); text(mBC[1]+0.0,mBC[2]+0.0, cex=0.9, "m_BC" )
        pl_punkt(I+ 0.5*(Q -I) +c(0.4,0),"r" )
        pl_punkt(I+ 0.5*(T -I) +c(0.1,-0.4),"r" )

        # Ergebnisse der Inversion am Inkreis = 3 kleinere Kreise zeichnen
        pl_kreis(0.5*(Q+I),0.5*irad,3,3,"red")
        pl_kreis(0.5*(P+I),0.5*irad,3,3,"blue")
        pl_kreis(0.5*(T+I),0.5*irad,3,3,"yellow")

        dev.off()
        } # Ende von pl_bild12()


# pl_bild13 berechnet und zeichnet Bild13 - ThalesKreise (Halbkreise) über AI,BI und CI
pl_bild13 <- function (A,B,C) {
        png(filename = "Rplot%03d.png")
        # Nichts "n" drucken, um den Rahmen festzulegen
        plot(c(0,0),c(0,0),"n" ,xlim=c(-10,10), ylim=c(-10,10),axes=FALSE,xlab="",ylab="")

        # Dreieck Zeichnen und beschriften
        pl_line(A,B,3,1,"red")
        pl_line(B,C,3,1,"blue")
        pl_line(C,A,3,1,"yellow")
        pl_punkt(A+c(-0.5,0),"A")
        pl_punkt(B+c(0.5,0),"B")
        pl_punkt(C+c(0,0.5),"C")

        # Inkreis berechnen und zeichnen
        puffer <- inkreis(A,B,C)
        I<-puffer[1:2]
        pl_punkt(I+c(0.9,0),"I")
        ai<-puffer[3]    # Länge AI
        wink<-winkel(A,B,C)
```

```
        irad<-i_radius(ai,wink[1])
        pl_kreis(I,irad,1,2)

        # Radien von Mittelpunkt I zu den Fußpunkten auf AB und auf AC zeichnen
        fp_ab <- fusspunkt(I,A,B)
        Q <- fp_ab
        pl_line(I,Q,1,2)
        pl_punkt(Q +c(-0.2,-0.8),"Q" )
        pl_rechtWink(A,Q,I)   # rechte Winkel an den Lot-Fusspunkt Q markieren

        fp_ac <- fusspunkt(I,A,C)
        T<- fp_ac
        pl_line(I,T,1,2)
        pl_punkt(T +c(-0.5,+0.4),"T" )
        pl_rechtWink(A,T,I)   # rechte Winkel an den Lot-Fusspunkt T markieren

        fp_bc <- fusspunkt(I,B,C)
        P <- fp_bc
        pl_line(I,P,1,2)
        pl_punkt(P +c(0.8,+0.7),"P" )
        pl_rechtWink(B,P,I)   # rechte Winkel an den Lot-Fusspunkt P markieren

        # ThalesKreise über AI, BI, CI zeichnen, auf denen die Tangentialpunkte P,Q,T liegen
        pl_line(I,C)
        pl_halbkreis(I,C,-1,3,3,"blue")
        pl_halbkreis(I,C,,3,3,"yellow")

        pl_line(A,I)
        pl_halbkreis(A,I,-1,3,3,"red")
        pl_halbkreis(A,I,,3,3,"yellow")

        pl_line(B,I)
        pl_halbkreis(B,I,-1,3,3,"blue")
        pl_halbkreis(B,I,,3,3,"red")

        dev.off()
        } # Ende von pl_bild13()


# pl_bild14 berechnet und zeichnet Bild14 - Inverse A', B', C' ermitteln
pl_bild14 <- function (A,B,C) {
        #png(filename = "Rplot%03d.png")
        # Nichts "n" drucken, um den Rahmen festzulegen
        plot(c(0,0),c(0,0),"n" ,xlim=c(-10,10), ylim=c(-10,10),axes=FALSE,xlab="",ylab="")

        # Dreieck Zeichnen und beschriften
        pl_line(A,B,3,1,"red")
        pl_line(B,C,3,1,"blue")
        pl_line(C,A,3,1,"yellow")
        pl_punkt(A+c(-0.5,0),"A")
        pl_punkt(B+c(0.5,0),"B")
        pl_punkt(C+c(0,0.5),"C")

        # Inkreis berechnen und zeichnen
        puffer <- inkreis(A,B,C)
        I<-puffer[1:2]
        pl_punkt(I+c(0.5,0),"I")
        ai<-puffer[3]    # Länge AI
        wink<-winkel(A,B,C)
        irad<-i_radius(ai,wink[1])
        pl_kreis(I,irad,1,2)

        # Radien von Mittelpunkt I zu den Fußpunkten auf AB und auf AC zeichnen
        fp_ab <- fusspunkt(I,A,B)
        Q <- fp_ab              # Tangentialpunkt
        pl_line(I,Q,1,2)
        pl_punkt(Q +c(0,-0.6),"Q" )
        pl_rechtWink(A,Q,I)     # rechte Winkel an den Lot-Fusspunkt Q markieren

        fp_ac <- fusspunkt(I,A,C)
        T<- fp_ac               # Tangentialpunkt
        pl_line(I,T,1,2)
        pl_punkt(T +c(-0.5,+0.4),"T" )
        pl_rechtWink(A,T,I)     # rechte Winkel an den Lot-Fusspunkt T markieren

        fp_bc <- fusspunkt(I,B,C)
        P <- fp_bc              # Tangentialpunkt
        pl_line(I,P,1,2)
        pl_punkt(P +c(0.8,+0.1),"P" )
        pl_rechtWink(B,P,I)     # rechte Winkel an den Lot-Fusspunkt P markieren
```

31

```
# Winkelhalbierende einzeichnen
pl_line(A,I)
pl_line(B,I)
pl_line(C,I)

# Tangentialpunkte verbinden
pl_line(T,P,1,2)
pl_line(T,Q,1,2)
pl_line(Q,P,1,2)

# Ergebnisse der Inversion von A,B,C am Inkreis = A', B', C'
Astr<- (T+Q) / 2
Bstr<- (P+Q) / 2
Cstr<- (T+P) / 2

# Bildkreis durch A',B',C' berechnen und zeichnen
mac_str <- mabc(Astr,Bstr,Cstr)    # Umkreismittelpunkt
rum_str <- r_umkr(Astr,Bstr,Cstr) # Umkreisradius
pl_kreis(mac_str,rum_str,2,1,"magenta")

# Bildpunkte A', B', C' zum Mittendreieck von Dreieck PQT verbinden und beschriften
pl_dreieck(Astr,Bstr,Cstr)
text(Astr[1]-0.8,Astr[2]+0.4, cex=1.0, "A'" )
text(Bstr[1]+0.3,Bstr[2]-0.6, cex=1.0, "B'" )
text(Cstr[1]+0.5,Cstr[2]+0.6, cex=1.0, "C'" )

#dev.off()
} # Ende von pl_bild14()


# pl_bild15 berechnet Bild15 - Radius(Umkreis A'B'C')=Radien(Bildkreise v. Dreiecksseiten)
pl_bild15 <- function (A,B,C) {
    #png(filename = "Rplot%03d.png")
    # Nichts "n" drucken, um den Rahmen festzulegen
    plot(c(0,0),c(0,0),"n" ,xlim=c(-10,10), ylim=c(-10,10),axes=FALSE,xlab="",ylab="")

    # Dreieck Zeichnen und beschriften
    pl_dreieck(A,B,C,3)
    pl_punkt(A+c(-0.5,0),"A")
    pl_punkt(B+c(0.5,0),"B")
    pl_punkt(C+c(0,0.5),"C")

    # Inkreis berechnen und zeichnen
    puffer <- inkreis(A,B,C)
    I<-puffer[1:2]
    pl_punkt(I+c(0.5,0.7),"I")
    ai<-puffer[3]    # Länge AI
    wink<-winkel(A,B,C)
    irad<-i_radius(ai,wink[1])
    pl_kreis(I,irad,1,2)

    # Fußpunkte der Lote von I auf die Seiten AB, BC, AC ermitteln => Tangentialpunkte
    fp_ab <- fusspunkt(I,A,B)
    Q <- fp_ab           # Tangentialpunkt
    pl_punkt(Q +c(0,-0.6),"Q" )

    fp_ac <- fusspunkt(I,A,C)
    T<- fp_ac            # Tangentialpunkt
    pl_punkt(T +c(-0.5,+0.4),"T" )

    fp_bc <- fusspunkt(I,B,C)
    P <- fp_bc           # Tangentialpunkt
    pl_punkt(P +c(0.8,+0.1),"P" )

    # Inversion der Geraden mit Dreiecksseiten ergibt 3 Kreise um Lotmittelpunkte
    pl_kreis(0.5*(Q+I),0.5*irad,2,1)
    pl_kreis(0.5*(P+I),0.5*irad,2,1)
    pl_kreis(0.5*(T+I),0.5*irad,2,1)

    # Winkelhalbierende einzeichnen
    pl_line(A,I,1,2)
    pl_line(B,I,1,2)
    pl_line(C,I,1,2)

    # Tangentialpunkte verbinden
    pl_line(T,P,1,2)
    pl_line(T,Q,1,2)
    pl_line(Q,P,1,2)

    # Ergebnisse der Inversion von A,B,C am Inkreis = A', B', C'
    Astr<- (T+Q) / 2
```

```
        Bstr<- (P+Q) / 2
        Cstr<- (T+P) / 2

        # Bildkreis durch A',B',C' berechnen und zeichnen
        mac_str <- mabc(Astr,Bstr,Cstr)    # Umkreismittelpunkt
        rum_str <- r_umkr(Astr,Bstr,Cstr) # Umkreisradius
        pl_kreis(mac_str,rum_str,2,1,"magenta")

        # Bildpunkte A', B', C' beschriften
        text(Astr[1]-0.7,Astr[2]+0.8, cex=1.0, "A'" )
        text(Bstr[1]+0.3,Bstr[2]-0.6, cex=1.0, "B'" )
        text(Cstr[1]+0.4,Cstr[2]+0.9, cex=1.0, "C'" )

        #dev.off()
        } # Ende von pl_bild15()


# pl_bild16 berechnet und zeichnet Bild16 zu p(I,S)=(R+OI)*(R-OI)=R^2 - OI^2
pl_bild16 <- function (A,B,C) {
        png(filename = "Rplot%03d.png")
        # Nichts "n" drucken, um den Rahmen festzulegen
        plot(c(0,0),c(0,0),"n" ,xlim=c(-10,10), ylim=c(-10,10),axes=FALSE,xlab="",ylab="")

        # Umkreis berechnen und zeichnen
        mac <- mabc(A,B,C)
        rum <- r_umkr(A,B,C)
        pl_kreis(mac,rum)
        pl_punkt(mac+c(0,-0.5),"O")

        # Inkreis berechnen und zeichnen
        puffer <- inkreis(A,B,C)
        I<-puffer[1:2]
        pl_punkt(I+c(0,-0.5),"I")
        ai<-puffer[3]    # Länge AI
        wink<-winkel(A,B,C)
        irad<-i_radius(ai,wink[1])
        pl_kreis(I,irad,1,2)

        # Sehne durch O und I zeichnen
        richt <- normiert(mac - I)
        X <- mac - rum * richt
        Y <- mac + rum * richt
        pl_line(X,I,4,1,"red")
        pl_line(I,Y,5,4,"blue")
        pl_punkt(X+c(-1,0),"X")
        pl_punkt(Y+c(1,0),"Y")

        # Kreise beschriften
        g1<- mac + c(0,1) * rum * 0.95
        text(g1[1]-0.4,g1[2]+0.0,cex=1.0,"S")
        g2<- I - c(0,1) * irad * 1.15
        text(g2[1]-0.4,g2[2]+0.0,cex=1.0,expression(Gamma));text(g2[1]+0.4,g2[2]+0.0,cex=1.0,"2")

        # Sehnen-Abschnitte beschriften
        s1<- mac + (rum/2) * richt .
        text(s1[1]+2.4,s1[2]+1.0,cex=1.5,col="blue","(R + OI)")
        s2<- I - (irad/2) * richt
        text(s2[1]-2.0,s2[2]-0.5,cex=1.5,col="red","(R - OI)")

        dev.off()
        } # Ende von pl_bild16()


# pl_bild17 berechnet Bild17 - Innereien von Bild 15 mit Abstandseintragungen; Parallelepiped
pl_bild17 <- function (A,B,C) {
        #png(filename = "Rplot%03d.png")
        # Nichts "n" drucken, um den Rahmen festzulegen
        plot(c(0,0),c(0,0),"n" ,xlim=c(-20,10), ylim=c(-10,20),axes=FALSE,xlab="",ylab="")
        faktor<-3; A<- A * faktor; B<-B*faktor; C<-C*faktor  # vergrößern

        # Inkreis berechnen und zeichnen
        puffer <- inkreis(A,B,C)
        I<-puffer[1:2]
        pl_punkt(I+c(+0.9,0.6),"I")
        ai<-puffer[3]    # Länge AI
        wink<-winkel(A,B,C)
        irad<-i_radius(ai,wink[1])
        pl_kreis(I,irad,1,6)

        # Fußpunkte der Lote von I auf die Seiten AB, BC, AC ermitteln => Tangentialpunkte
        fp_ab <- fusspunkt(I,A,B)
```

33

```
        Q <- fp_ab              # Tangentialpunkt
        pl_punkt(Q +c(0,-0.6),"Q" )

        fp_ac <- fusspunkt(I,A,C)
        T<- fp_ac               # Tangentialpunkt
        pl_punkt(T +c(-0.5,+0.4),"T" )

        fp_bc <- fusspunkt(I,B,C)
        P <- fp_bc              # Tangentialpunkt
        pl_punkt(P +c(0.8,+0.1),"P" )

        # Inversion der Geraden mit Dreiecksseiten ergibt 3 Kreise um Lotmittelpunkte
        mAB<-0.5*(Q+I); pl_kreis(mAB,0.5*irad,1,6); text(mAB[1]-0.1,mAB[2]-0.7, cex=1.0, "mAB" )
        mBC<-0.5*(P+I); pl_kreis(mBC,0.5*irad,1,6); text(mBC[1]+1.3,mBC[2]+0.1, cex=1.0, "mBC" )
        mAC<-0.5*(T+I); pl_kreis(mAC,0.5*irad,1,6); text(mAC[1]-0.8,mAC[2]+0.2, cex=1.0, "mAC" )

        # Ergebnisse der Inversion von A,B,C am Inkreis = A', B', C'
        Astr<- (T+Q) / 2
        Bstr<- (P+Q) / 2
        Cstr<- (T+P) / 2

        # Bildkreis durch A',B',C' berechnen und zeichnen
        mac_str <- mabc(Astr,Bstr,Cstr)   # Umkreismittelpunkt
        Ostr <- mac_str
        text(Ostr[1]-0.7,Ostr[2]+0.5, cex=1.0, "O'" )
        rum_str <- r_umkr(Astr,Bstr,Cstr) # Umkreisradius
        Rstr <- rum_str
        pl_kreis(Ostr,Rstr,2,1,"magenta")

        # Bildpunkte A', B', C' beschriften
        text(Astr[1]-1.1,Astr[2]-0.7, cex=1.0, "A'" )
        text(Bstr[1]+1.3,Bstr[2]-0.7, cex=1.0, "B'" )
        text(Cstr[1]+0.1,Cstr[2]+1.2, cex=1.0, "C'" )

        # plattgedrücktes Parallelepiped zeichnen; Radien der 3 Spiegelkreise
        # rho=r/2 zeichnen zwischen: mAB-A'-mAC-C'-mBC-B'-mAB;  mAB-I; mAC-I, mBC-I
        pl_line(mAB,Astr,3)
        pl_line(mAB,Bstr,3)
        pl_line(mBC,Cstr,3)
        pl_line(mBC,Bstr,3)
        pl_line(mAC,Cstr,3)
        pl_line(mAC,Astr,3)

        pl_line(I,mAB,2,2)
        pl_line(I,mBC,2,2)


        # Radien sigma vom Mittelp. O' des gespiegelten Umkreises  A'-O', B'-O', ,C'-O'
        pl_line(Ostr,Astr,3,1,"blue")
        pl_line(Ostr,Bstr,3,1,"blue")
        pl_line(Ostr,Cstr,3,1,"blue")

        # Legende
        legend(-1, 4, c(expression(rho), expression(rho), expression(sigma), "Umkr.'" ),
               col = c("black","black","blue","magenta"), lwd=c(3,2,3,3), lty=c(1,2,1,1),
               pch = c(-1,-1,-1,-1)
               )

        dev.off()
        } # Ende von pl_bild17()


# Graphik-device ausschalten / Datei schließen (falls Unterprogramme es vergessen)
#dev.off()
# Ende von "dreieck.R"
```